发现科学世界丛书

趣味自然知识

姜新华　郭俊芳　编著

吉林人民出版社

图书在版编目（CIP）数据

趣味自然知识／姜新华，郭俊芳编著 . -- 长春：
吉林人民出版社，2012.7
（发现科学世界丛书 . 第2辑）
ISBN 978-7-206-09202-2

Ⅰ . ①趣… Ⅱ . ①姜… ②郭… Ⅲ . ①自然科学—青
年读物②自然科学—少年读物 Ⅳ . ①N49

中国版本图书馆 CIP 数据核字（2012）第 150864 号

趣味自然知识

QUWEI ZIRAN ZHISHI

编　　著：姜新华　郭俊芳
责任编辑：关亦淳　　　　　　　　封面设计：七　洱
吉林人民出版社出版 发行（长春市人民大街7548号　邮政编码：130022）
印　　刷：北京市一鑫印务有限公司
开　　本：670mm×950mm　　　　1/16
印　　张：12　　　　　　　　字　数：109千字
标准书号：ISBN 978-7-206-09202-2
版　　次：2012年7月第1版　　　印　次：2023年6月第3次印刷
定　　价：38.00元

目　　录

欧洲的北极居民拉普人

拉普人是欧洲最有特色的北极居民。他们的居住范围从俄罗斯北部的科拉半岛一直延伸到挪威的北部。大部分拉普族人居住在斯堪的纳维亚半岛的北部，居住在挪威的最多。

拉普人把驯鹿放牧发展到最高水平。冬季，拉普人带着鹿群深入内陆高原或森林中避寒。春季，他们把牧群赶到长出新草的牧地及养殖场。在驯鹿生幼鹿几周后，便进入高山地区或渡到近海的岛上度夏，让其进食丰富的青草、地衣以积聚脂肪。仲夏，拉普人把驯鹿赶到一起清点数目，在他们的耳朵上烙印作为所属的标记，同时为许多幼年雄驯鹿割除睾丸，然后把它们释放，直到秋季它们返回大陆。每年的9月份，拉普人把驯鹿引入畜栏分类挑选或屠宰。秋季是拉普族人收获劳动果实的季节。他们对驯鹿作每年一度的屠杀与选种，将病、伤、残的鹿以及多余的雄鹿宰杀食用，将最健壮的雄鹿和全部的雌鹿作繁殖用。每个拉普族家庭将所放牧驯鹿的1/5杀掉，把鹿肉弄干作为食物储备。此后，他们又回到冬季牧地。

拉普人喜欢把驯鹿肉煮熟，尤其嗜好驯鹿肉汤。他们以前喝鹿奶，现在养山羊挤奶喝。拉普人好客，请客时给客人喝鹿奶或吃奶酪制品，被认为是一种特别的款待。过去，拉普人用驯鹿皮缝制冬季衣服，除布帽外，其他都是鹿皮；现在，他们除用皮制品绑腿外，衣着已全部改用花布缝制。

拉普人过着游牧生活。只要驯鹿群迁移，他们就跟着迁移。他们形成了组织严密和自给自足的单位——几个家庭合在一起带着供食用的活牲畜，随着季节变化沿着传统路线游牧。拉普人在迁移时，用驯鹿驮货物或拉雪橇。所用的雪橇有两种类型：一种是用于苔原上的，类似于雪车；一种是用于森林中的，是一种类似小舟形的小雪橇。

拉普人被称为"与世隔绝的人"。他们在血统上既与黄种人无关，也与欧洲其他人种无关。他们是古代一支民族的后裔。最早的拉普人是北极地区所有的居民中身材最矮小的人种，他们肌肉发达，耐力强，在游牧生活中特别能吃苦。后来，由于拉普人与挪威人、芬兰人、瑞典人及俄国人普遍通婚，因而现在的拉普人已失去了他们祖先原有的身材矮小的特色。如果他们不穿戴艳丽的传统民族服装，则很难辨认出他们是拉普族人。

现在的拉普人，大部分妇女和小孩已不再跟随牧群迁移。甚至在管理动物的方法上也发生了很大变化，寒冷的苔原上已出现了一些屠宰厂、冷冻厂。年轻一代的拉普人已进入学校接受文化教育，逐步脱离了跟随驯鹿群的游牧生活。

冰和火之国

冰岛位于欧洲的西北方，靠近北极圈，是大西洋最北部边缘的小岛国。所以，人们提起冰岛，就会联想到那里一定是寒风凛冽、冰天雪地的银装世界。其实，全国只有13％的土地。被冰雪覆盖，符合冰岛这一名称。而其绝大部分地区冬季虽较漫长，但却很暖和，夏季短促凉爽，故有"冰岛不冷"之说。

冰岛不冷，是由于它的东、南、西三面均为暖流环绕，岛屿的面积约0.3万平方公里，很容易受到北大西洋暖流的影响，所以尽管在严冬1月，冰岛的暖流环绕的沿岸地带也比较温和，如雷克雅未克1月份的平均气温为-0.8℃，要比同纬度的其他地区暖和得多。但是，在北大西洋暖流影响较小的北部，受北冰洋影响较大，又靠近极端寒冷、冰原覆盖的格陵兰岛，所以在冰岛北部是寒风凛冽、冰天雪地，高耸的雪山冰峰，一片极地风光。"冰岛"这名字在这里才名副其实，在冰岛的北极圈边上有个美丽的花园城市——阿库雷里，该地6月中旬中午的气温可达30℃，树木葱郁、景色宜人，是地球上最北的植物园，该城是冰岛北方的旅游中心，每年接待来自世界各国的10多万游客。阿库雷里附近神秘的米瓦登湖区以及极地风光——夜半太阳也吸引了大批的观光者，每年六七月份，这里的太阳几乎终日不落。

冰岛是世界上多火山地区之一，拥有200多座火山，其中至少有30座活火山，平均每5年就有一次火山喷发。由于冰岛属现代火山活动区，所以温泉、沸泉和间歇泉很多，约有千处。其中很多是水温高达90℃以上的高温热泉，并多为间歇泉。泉水呈周期性有规律地喷射，巨大的水柱从地表喷射出来，形成冰岛的自然奇观。间歇泉大都分布在著名的赫克拉火山西北高度约100米的山岭的谷地中，在这片面积约3～4平方公里的地方，竟有100多个间歇泉。其中最著名的大间歇泉，表层温度可达90℃，是世界上最热的泉水之一。

现在冰岛取暖，大都已利用地热。岛上有冰雪覆盖的山峰，又有喷发的火山和众多的热喷泉，丰富的地热资源。故冰岛被人们誉为"冰和火之国"。

赤道国

拉丁美洲的厄瓜多尔位于赤道两侧，划分地球为南北两半球的赤道线在厄瓜多尔北部的基多附近通过。在西班牙语中"厄瓜多尔"就是"赤道"的意思。所以，人们称厄瓜多尔为"赤道国"。然而，人们一提起"赤道国"，就会联想到潮湿闷人的热带森林和灼人的酷热气候，但事实并非如此。厄瓜多尔缺乏这种典型的热带特征。世界上有赤道穿过的国家除厄瓜多尔外，还有巴西、哥伦比亚、加蓬、刚果、扎伊尔、乌干达、肯尼亚、索马里、马尔代夫、印度尼西亚、秘鲁。而厄瓜多尔独享"赤道国"的称号，不完全名副其实，实质上这名称对它并不恰当。厄瓜多尔兼具热、温、寒三带的特点。因为全国3/5地面为高山地区，气候温和，沿海受寒流的影响，凉爽宜人、四季如春。但昼夜之间，气温却变化很大，早晚凉爽有如春秋。在多山的中部，高山顶峰终年积雪，天气多变，一日之间，必须几度更衣，才能适应这里的环境。首都基多虽位于赤道线南15公里的地方，但因其海拔高度为2 800多米，使其成为一座最适宜人们居住的城市，周围多大山，风光明媚，年平均气温只有12.6℃，最冷月平均气温为12.5℃，最热月平均气温为12.7℃，年温差不到1℃，但日温差却相当大，白天太阳直射，气温可达25℃左右，晚上却降到2℃左右，有时下降到0℃，要穿上冬季衣服，甚至还要生炉子烤火。所以到首都基多去，必须带上四季的衣服。这里一年分为干湿两季，6～11月为干季，12月至次年5月为雨季，全年降水量为1 000多毫米。

"赤道国"盛产石油、咖啡、可可、香蕉等，香蕉出口量居世界第一位，故又有"香蕉之国"的别称。

世界宝石之都

在德国南部莱因兰—法耳茨州，有一座方圆不过几里，人口仅约4万的小城奥伯斯坦，但它却享有世界"宝石之都"的美称。因为这里有千户人家经营着大小600多家宝石作坊。每年约有60个国家，以吨计算的各种宝石在这里经过精雕细镂，出口到世界上130多个国家和地区。

奥伯斯坦在500多年前是一个小村庄，人们在附近的山里发现了丰富的玛瑙、碧玉、紫水晶等宝石矿，于是村里的男女老少都以从事宝石开采为生，把开采出来的各种宝石直接卖给商人。从1540年起，当地人陆续开办宝石作坊，加工各种宝石。这里质地纯正的宝石和能工巧匠的精湛技艺，给奥伯斯坦带来了声誉，也带来了兴旺和繁荣。然而，奥伯斯坦的宝石矿开采了400多年后终告枯竭，身怀绝技的工匠们不得不纷纷远离故土到美洲各国改谋生计。有一批流落到巴西的人在当地发现了宝石，旋即将刚开采出来的宝石运回家乡。于是，能工巧匠们纷纷从四处返回故土，重操旧业。曾一度衰落消沉的奥伯斯坦，又恢复了往昔的盎然生机。

为了使奥伯斯坦的宝石加工技艺能代代相传并始终位居前列，在当地建立了一所宝石加工技术专科学校。孩子们从接受小学教育起就同时在技校学习宝石琢磨技术。另外，还建立了一座宝石博物馆，使人们了解宝石开采和加工的历史。在馆内藏有许多稀世珍宝，有世界上所有最名贵的宝石的仿制品。为了不负"宝石之都"的盛名，奥伯斯坦人建立了连接世界宝石主要生产国和交易市场的信息网络。现在，世界上开采出珍贵宝石的消息几小时后即可通过信息网传到奥伯斯坦。1967年，坦桑尼亚开采出一块较大的宝石，奥伯斯坦人得到了为宝石取名的荣誉。

芬兰的白夜

在南北极圈内存在"极昼"和"极夜"现象。"极昼"又称"永昼",为太阳终日不没的现象;"极夜"又称"永夜",为太阳终日不出的现象。当太阳直射于北纬10°时,则北纬80°～90°地区为"极昼",南纬80°～90°地区为"极夜"。太阳直射于南半球时则相反。在南北极圈内,每年都有"极昼"和"极夜"季节,而时间长短因纬度而不同。处于北纬71°的世界最北村镇——挪威的哈默菲斯特的居民就生活在夏季"永昼"里,冬季则是延续几个月的"永夜"。在接近极圈的高纬度地带，在夏季出现"白夜"奇景，所谓"白夜"就是天空通宵处于晨昏蒙影状态，前一天的天文昏影尚未结束，后一天的天文晨光已经开始。因而没有真正的黑夜。这段期间在南北纬50°接近一个半月，在南北纬56°超过三个月。在位于北极圈内的许多国家中，芬兰的"白夜"奇景世界闻名。这与它所处的地理位置有关。芬兰几乎全部领土都在北纬60°以北，约有1/4的土地位于北极圈内。它的中心地区所处的位置，要比其他许多位于北极圈内的国家偏北得多。芬兰的冬季长，夏季短。从当年的10月至来年的4月，约有六七个月是多雪而寒冷的冬天。夏季是六、七、八三个月。当冬天来临时，最北地区有四五十天见不到太阳。这时，美丽的北极光经常映现天际。到了夏天，情况截然相反。从5月底到7月中旬，太阳通宵达旦照耀，一直不落，留在地平线上的时间长达73天左右，人们称为"不落的太阳"。六七月份，在首都赫尔辛基，太阳几乎从早晨三四点钟普照到晚上八九点钟才慢慢地落入地平线。之后，室外光线还很明亮，人们可以在室外工作和看报。在离北极圈只差1°的奥卢布，午夜12点钟太阳才钻入地平线，但一眨眼间，它又从另一处缓缓升起，从日落到日出只隔1小时。芬兰人将每年白昼最长、黑夜最短的时节称为"仲夏节"。在芬兰南部沿海一带，这时的白昼可长达19个小时。按照当地的风俗习惯，这个节日与圣诞节一样被人们重视。以往，许多家庭在节日之夜都要到湖滨或海滩旅行，在那里用桦树树枝燃起一堆篝火，围着它欢度通宵。

欧洲与亚洲的水上都城

意大利有一座奇特城市——"水都"威尼斯。

位于欧洲南部亚平宁半岛的意大利,是历史悠久的文明古国。威尼斯是世界各地赴意大利的旅游者必到之地。它位于东北部亚得里亚海滨,是由118个岛屿组成的。有401座各式各样的拱桥将这些小岛连成一体,长达45公里的运河,蜿蜒曲折,纵横布满全城,城内2 300多条"大街小巷",就是大大小小的河流,故有"水都"之称。这座"开门见水"的奇特城市,没有汽车,大小船艇挤在运河里,穿梭般的来往不绝。有现代化的摩托艇、汽艇和古老的"公朵拉"。"公朵拉"是一种小游船,翘着头尾,由船夫划橹,供游客饱览两岸风光。威尼斯最著名的名胜古迹是圣马可广场和圣马可教堂。广场附近有宏丽的建筑物，广场的三面都被雄伟的皇宫包围着。拿破仑称圣马可广场为世界上最美丽的广场。其东边的圣马可大教堂，内外大理石的石柱就有500多根，建于9世纪。教堂的右边有圣马可钟楼，高约107米，建于9世纪末。广场夜里灯火辉煌，游客成群结队，异常热闹。灯火映着碧水，明月照亮大海，泛舟在亚得里亚海滨像进入水晶宫一般，真是人间奇景。

位于东南亚中南半岛中部的泰国，也是个历史悠久的文明古国。其首都曼谷也是座河渠纵横、舟楫如梭的水上都城。其景色十分迷人。可与亚得里亚海滨的"水城"威尼斯媲美，故有"东方威尼斯"之称，它位于湄南河下游，离曼谷湾约30公里。市区河道纵横，多用船舶进行商业活动，享有"水上市场"之称。城内有300个华丽的佛寺和古老的王宫。著名的大皇宫和玉佛寺，凝聚着泰国人民世代的勤劳和智慧。这两座金碧辉煌的建筑各具特色，十分壮丽。大皇宫的主体宫殿是维多利亚式的，而屋顶却是泰式的。大皇宫的北侧是玉佛寺。寺内浮屠林立，佛殿众多，各有千秋，几乎集中了泰国所有佛寺建筑的特点。在郊区，有几处水上市场还保持着古代的传统，那儿的船上商店更有特色。曼谷终年百花盛开，到处可闻到茉莉花的清香，看到鲜艳的玫瑰花，素雅的兰花。这座风景秀丽，并具民族特色的水上都城，成为东南亚有名的旅游城市，每年都吸引着150多万外国游客。

意大利庞贝古城的"复活"

意大利是历史悠久的文明古国，它位于欧洲南部的亚平宁半岛，是古代罗马帝国的核心部分。早在公元前至2世纪末，中国的丝绸就运销罗马，开辟了有名的"丝绸之路"。10～11世纪，有许多城市已成为东西方贸易的中心和通商口岸。一些城市的手工业、商业达到相当繁盛的程度，以至到15、16世纪，意大利成了欧洲文艺复兴的发源地。悠久的历史给意大利留下了丰富多彩的文化遗产。在意大利有许多闻名世界的文化古城，如建于公元前754（或753）年的罗马，建于公元前4世纪的米兰，建于公元5世纪的威尼斯，还有著名的都灵、那不勒斯、佛罗伦萨等。另外还有些古城已不存在，无影无踪。1713年有人偶然在位于那不勒斯东南著名的维苏威火山脚下，发现一座被掩埋的古城遗址。从1860年开始，大规模的发掘工作终于使这座古城的3/5重见天日。它就是公元79年前意大利的一个繁荣的港口——庞贝城。

尚在继续发掘中的庞贝古城，现已成为一座举世无双的"古城博物馆"。来自世界各地的参观者，可以漫步在古老的街市上，观光古代的圆形剧场、神庙以及用介壳装饰的公共喷水池，浏览街道两旁的店铺和住宅，欣赏完整地保存在屋里的色彩鲜艳的壁画，从而了解1900年前古罗马人生活的场景。当年的庞贝古城不仅是一个繁荣的港口，亦是古罗马的达官贵人休息游乐的场所。

这座当年繁华的港口是怎么被埋藏在地下的呢？后来又怎么被发现的呢？

在庞贝古城附近，有座维苏威火山。公元79年8月下旬的一天下午，维苏威山顶升起一块奇特的云彩，好似一棵参天的平顶松树。云彩直上天际，并向四周渐渐散开。与此同时，山顶喷出滚滚浓烟和无数火星，爆炸的声音响彻四方。紧接着大量碎屑物和火山灰好似冰雹和暴雨劈头盖面降落下来。随后，倾盆大雨从天而降，山洪挟带火山灰等火山喷发物向山下猛冲。

8天后大地才恢复平静，但是熙熙攘攘的庞培城从地面上消失了。邻近的赫库兰尼姆和史达比两座城镇也遭到了同样的命运。它们都被火山喷出的物质深埋在地下。生机勃勃的原野，顷刻之间变成一片荒地。现在那里已农田阡陌，果树成林。1713年，有人在那里挖井，当掘到6米深处时，无意中掘出一些大理石碎块，拿起一看，是经过人工琢磨过的。消息传出，顿时引起人们的注意。以后在这一带不断发现埋在土层中的精美石像和雕刻。最后，经考古工作者的考证，发现当地正是在一次火山爆发中被熔岩掩埋的庞贝古城的遗址。百年前就开始进行大规模的发掘和"复原"工作，现在终于使这座古城"复活"了。

维苏威火山海拔3 279米，是世界上著名的活火山，历史上它共喷发了500多次。它有一段相当漫长的时期没有喷发。自从这次喷发以后，它再也没有安定下来。最近300年内，它平均每12年就要发生一次规模不等的喷发，喷出的熔岩多次侵入附近的城镇。

最冷的村镇

俄罗斯西伯利亚东北部维尔霍扬斯克—奥伊米亚康是气温极低的地区,这里冬季酷寒,1月平均气温是-50℃,绝对最低温度曾低至-71℃。7月平均气温在10℃左右,年温差高达60℃以上,绝对年温差曾高达101.8℃,它成为世界上年温差最大的地区。在这个地区内有一座名叫奥伊米亚康的小镇,它是地球上最冷的村镇。

奥伊米亚康小镇有600人定居,大部分是雅库特人。这里是北半球的寒极,天气异常寒冷。冬天,人们可以听到自己呼出的水汽冻结成晶的声音。

这个地区之所以如此寒冷,与其位置和地形有密切关系。

因为它处于高纬度地区，北极圈通过其间，而且又处在东、西、南三面被契尔斯基山脉和维尔霍扬克山脉所包围的深谷之中，南面的暖空气不能进入，而北面向北冰洋敞开，北冰洋的冷空气可以长驱直入，经过冰原进一步变冷。这种变冷的空气下沉到深谷中，从而形成极低的气温。

奥伊米亚康小镇的居民长期生活在寒冷的地区，积累了一套适应环境的生活经验。他们住的房子很特殊，该地区土地终年冻结，冻土屋上有一层厚达1~2米的冻融层，它随着季节的变化，时融时冻，在冻土层上盖房子，十分危险。因此，他们的住房地基打桩一直打到永久冻土层。盖房子时，地面与建筑物之间，留出一米以上的空间，建成类似热带地区的竹楼样式，以防止室内温度升高而把冻土融化，产生破坏性崩坍。为了适应环境，他们把牛奶等液体食品作成冰砖出售。

印尼茂物奇观

在印度尼西亚首都雅加达以南56公里处，有一座叫博果尔的小城，人们习惯上称它为茂物。茂物有两多：一是雷雨天气特别多；二是奇花异草种类、数量繁多，成为闻名于世的两大奇观。

地处赤道附近的茂物，属典型的热带雨林气候，每日的天气变化很有规律。上午一般是晴空万里，近午时分，天空的积云愈积愈厚，午后二三点钟，黑压压的积雨云布满天空，天气闷热异常，刹那间雷电交加，狂风大作，暴雨倾盆，不久即雨过天晴，全城又沐浴在赤道的骄阳之下了，这时的空气特别清新。茂物的这种雷雨天气年平均达332天，打雷在数千次以上，而附近的雅加达全年雷雨日数却只有 133 天。

人们不禁要问，近在咫尺的两地为什么会有如此大的差别呢？原来，雷雨天的形成需要两个条件：强盛的积雨云和大气的垂直对流。茂物位于丘陵地带的山间盆地中，南面紧挨火山熔岩高原及多座二三千米的火山，来自海洋的湿热空气受到地形阻挡而抬升，极易形成积雨云。再加上茂物地形崎岖不平，地面受热很不均匀，空气的温度、密度不同，极易发生大气的垂直对流，造成带有不同电荷的云层相互接近，从而产生电闪雷鸣，所以形成雷雨的机会自然要比包括雅加达在内的一般赤道地区更多了。由于茂物是世界上雷雨最多的地方，故有"雷都"或"雷电的王国"之称。

茂物有一个大植物园，是荷兰著名的植物学家雷因渥于1817 年 5 月 18 日创建的。由于雷因渥和他的继任者伯仑姆、德斯曼等人的不懈努力，该园成功地引进了大量外国植物品种。1949 年印尼独立后，植物园改由本国学者担任园长。1962 年 6 月 21 日，该园改为"国立生物学研究院"。由于茂物自然条件较好，再加上荷、印两国科学家们 100 多年的经营和培植，该园已日臻完善，现已收藏了 50 多万种植物标本，园内种植的植物品种达 4 500 多种，共 16 000 株。其中最为奇特的当属王莲、兰花和尸骸花。

王莲，原产南美洲亚马逊河，属睡莲科，其叶直径大的可达2～2.5米，浮在水面上可负重40~70公斤，一两个幼儿站在上面也不会使它沉没。兰花是该园种植最多的植物，为热带著名的"寄生兰"，品种达550多个，共6 000株。其中巨型兰花"甘蔗兰"为印尼所独有，享有"兰花皇后"的美誉。它茎高3~5米，每株开花最多者达120朵，花朵直径达15厘米，盛开时蔚为壮观，香气浓郁扑鼻，花期长达2~3个月，给人以深刻的印象。尸骸花，因其在傍晚时发出尸骸般难闻的恶臭气味而得名。该花约一人高，形似剥开皮的大香蕉。这种花三年才开一次花，为稀世珍品，尚未在世界上其他地方发现过。

茂物的两大奇观吸引了各国众多的客人，茂物城随之成为著名的旅游胜地。

"雾都"的"雾"

英国的雾日很多，尤其是首都伦敦，上空经常是雾气茫茫，秋冬两季更甚，有时一连几天大雾不散，蒙蒙的雾气笼罩着整个城市。所以伦敦的雾闻名世界，有"世界雾都"之称。弥天大雾，持续几天不散，有时不仅严重影响市内交通和工农业生产，甚至危害人们的身体健康。1952年12月5日起，发生了一次持续四五天的烟雾，曾使许多人感到胸口窒闷，4 000多人由于呼吸道疾病而死亡。在这以后的2个月中，还陆续有8 000人死亡，成为英国历史上最严重的一次"烟雾事件"。

英国是欧洲大陆西岸大西洋上的岛国，位于北纬50°~60°之间，在西风和北大西洋暖流的影响下，形成了温暖潮湿的温带海洋性气候。西风不断地把海面上的水汽吹向陆地，这就给形成大雾创造了条件。加上伦敦附近工厂很多，交通非常发达，致使空气中含有大量烟尘，盆地地形又使得烟尘不易飘散，长久地停滞在空中，成为雾滴的凝结核。这是形成大雾的重要原因。1952年"烟雾事件"引起了世界用煤国家的震惊和重视，英国也吸取了教训。1962年冬，伦敦又出现了一次大雾，气象状况与1952年冬发生的"烟雾事件"十分类似。由于减少了烟尘，因此呼吸道病致死的人数下降到80人左右。为了彻底摘掉"雾都"的帽子，伦敦已禁止烧煤，住户们用的都是电气和煤气。如今，世界闻名的伦敦"雾"已基本消失，"雾都伦敦"的称号已成为历史了。

冈比亚白蚁丘

在非洲大陆西部的冈比亚境内，在地形较高处或树木茂盛的地方，可以见到一种特殊的地貌景观。远看极似黄土堆成的坟丘；近看则是多数形似竹笋，少数形似馒头状的土丘。其实，它不是什么坟丘或土丘，而是由白蚁形成的一种奇特的地貌景观——白蚁丘。

白蚁丘的底部直径一般为1.5米，高度为2.0米。大的白蚁丘，其底部直径可达2.5米，高度可达3.5米。白蚁丘的中间是空的，空间体积约占整个体积的1/3。丘壁厚度，一般是上薄下厚。其外表面起伏不平，里面则较平滑，壁中间有许多小空洞，土质很坚硬，挖掘困难。多数白蚁丘的四周为坡度0.2左右的斜坡，呈"散水"状。其宽度大致与丘的直径相等，好似以白蚁丘为圆心的同心圆。有些地方白蚁丘四周"散水"状斜坡的坡度是一致的，表面很整齐，犹如泥水匠抹的一样。这种奇特的白蚁丘，都分布在地形较高处，在树木茂盛的地方，其分布密度更大，如在索马至库当的公路两侧，隔几十米，有时甚至几米就有1个。不少白蚁丘就在树旁，或将树包在中间。

白蚁属昆虫纲。为群栖性昆虫，生活于隐蔽的巢居中。它们常自建巨大的蚁巢，高可达数米，称"白蚁冢"。以木材、菌类、半腐性叶片为食，肠内有原生动物共生，帮助消化纤维素。白蚁种类达2 000多种，主要分布在热带和温带，在北方寒冷地区很少发现。冈比亚地处热带非洲的大西洋沿岸，东、南、北三面与塞内加尔连接，面积是1.03万多平方公里，是非洲大陆最小的国家。其领土主要在冈比亚河中、下游两岸，基本上是一个南北宽20～50公里，东西长480公里的狭长平原，并由东向西倾斜，平均海拔在37米以下。上覆土层多为轻亚黏土、亚黏土。全年分干湿两季，属热带草原气候。所有这些，使这里的白蚁丘，成为冈比亚的特殊地貌景观。它的形态及其分布特点与白蚁的生存条件密切相关。在地形较高处，就可避开雨季时冈比亚河洪水和大量地表积水的淹没；靠近树就不愁吃喝；

有了结实而排水良好的土丘保护就不怕狂风暴雨和敌人袭击。

在这种条件下，白蚁能很好地繁衍生息。白蚁在这里不仅繁殖很快，而且活动也十分猖獗，一根长宽为5厘米，高为30厘米的测量桩，不用两天白蚁就能将它吃掉。白蚁在两天内就能在一棵大树旁堆成一个约5 000立方厘米的小白蚁丘。一星期内可建成一个约1立方米的白蚁丘。白蚁的筑巢能力是十分惊人的。白蚁丘分布多的地方，那里白蚁的活动一定很猖獗，对树木、房屋建筑、土体结构等的破坏一定很厉害。

墨西哥的"光影蛇影"

　　世间罕见的绝妙的"光影蛇影"奇景，只能在墨西哥奇钦——伊扎古迹中心地带的库库尔坎金字塔附近看到。一提起墨西哥，人们自然地联想到它那悠久的文化传统，雄伟的古金字塔，多彩的雕刻和壁画艺术，瑰丽的自然景色……真是令人神往。墨西哥是美洲的文明古国，早在公元前1000年，居住在这里的印第安人就创造了著名的玛雅文化。公元4～9世纪玛雅文化达到鼎盛时期，建筑、壁画、农业、手工业和商业相当发达。首都墨西哥城各种建筑物的墙壁上，到处都布满了色彩鲜艳的壁画，这座古城由此被称为"壁画之都"。古代的玛雅人建筑了许多作为神庙的雄伟的金字塔和供祭祀贵族使用的宫室。

在天文史上，玛雅人测出了行星的周期，制定了365天为一年的太阳历。他们还创造了美洲唯一的古代象形文字，并有了计算体系，应用了"零"的符号。这在当时世界上是很先进的。在玛雅城里，每隔一定年限，就要建立一根石柱，并在它的上面雕刻记载重大事件的内容和日期。因此，玛雅文化也是美洲古代史上唯一有明确记年可考的。奇钦——伊扎就是玛雅文化最重要的古迹之一。

著名的奇钦——伊扎古迹，位于濒临加勒比海的尤卡坦半岛的东北部，与梅里达相距100多公里。在古迹中心地带有座金字塔，叫库库尔坎，玛雅语的意思是带羽毛的蛇神。这座金字塔是信仰太阳的伊扎人在10世纪左右建造的。他们认为带羽毛的蛇是太阳的化身，是风调雨顺的象征。库库尔坎金字塔高30米，四方对称，底大上小，四边棱角分明。整个塔成阶梯形，共分9层，顶上是一个高达6米的方形坛庙。四面各有宽阔的石台阶，直通坛庙。石台阶两旁是宽达1.35米的边墙。聪明的伊扎人唯独在朝北的两个边墙下端各雕刻一个大蛇头，高1.43米，长1.87米，宽1.07米。有羽毛的蛇头张着大嘴，伸出一条长1.6米，宽0.35米的大舌头，雕刻精细，形象逼真。在库库尔坎金字塔附近，每年的春分和秋分时节都能见到"光影蛇影"奇景。

每当9月23日午后3时许，这时太阳开始向正西方往下落，北部边墙上的光照部分，棱角愈来愈明显，从上到下逐渐由笔直变为波浪形，犹如一条巨蟒从塔顶向大地游动。直到5时左右，这一边墙上的光照部分，除了石雕蛇头外，沿着上墙边还有排成一列的7个等腰三角形。它与生长在这一地区的响尾蛇背上的三角形花纹十分相似。据传说，古代玛雅人此时此刻载歌载舞庆贺带羽毛的蛇神降临。过10分钟后，石雕蛇头变成阴影。接着，7个等腰三角形也由下而上依次消失。临近6时，秋分时节的"光影蛇影"奇景宣告结束。这一奇景的出现，是古代聪明的玛雅人认识到季节的变化，为适应宗教和农业的需要，而经过精密计算和设计的产物。每当3月春分出现光彩蛇形时，古代玛雅人认为带羽毛的蛇神给他们带来了雨水，使土地肥沃，他们开始耕地、播种。当9月秋分出现这一奇景时，带羽毛的蛇神走了，就意味着雨季结束，干旱开始。"光影蛇影"奇景与农业生产有着直接关系。

罕见的联珠闪电

闪电是人们常见的一种自然现象，是天空积雨云中云层之间或云层与大地之间产生放电时伴随的电光现象。全世界每秒钟约发生100次闪电。有时发生闪电时兼有雷声，这是大气中突然出现的放电现象，称为雷暴。它是一种危险的天气现象，常伴有狂风、暴雨、雷击、冰雹等灾害性天气。发生雷电现象并伴有阵风暴雨便形成雷雨。雷电和风雨往往是连在一起的，但也有例外，有时也遇到只有闪电、雷声，不见下雨。

闪电一般可分为云中放电、云间放电、空中放电、云地间放电、地云间放电。按其形状可分为线状闪电、带状闪电、球状闪电和联珠状闪电等。我们常见的是线状闪电，它具有明亮耀眼的闪电通道,犹如枝杈丛生的一根树枝,蜿蜒曲折,在隆隆的雷声中从云中伸向地面。带状闪电与线状闪电很相似,只是亮的通道比较宽些,看上去好像一条较宽的亮带。珠状闪电一般发生在线状闪电之后,它是一个直径为20厘米左右的火球,发出红色或橘黄色的光,偶尔发出美丽的绿色。球状闪电一般能维持几秒钟。火球在空中随风飘移,喜欢沿着物体的边缘滑行,还能穿过缝隙窜入屋内。球状闪电会发出嘶嘶的声响,当它行将消失时会发出震耳的爆炸声。联珠状闪电形如一串发光的珍珠从云底伸向地面。这种闪电出现的机会极少,维持的时间也极短。所以,在各种闪电中,联珠状闪电是最罕见的闪电,世界上的绝大多数人都未曾见过它。

1962年7月22日的傍晚,有几位气象工作者正在我国著名的东岳泰山顶上工作,突然听到一声巨响,并见有一个直径约15厘米的殷红色的火球突然从窗户中窜入西厢房内。这个火球在室内以2~3米/秒的速度轻盈飘移,几秒钟后经烟囱逸出。在它离开烟囱的一瞬间,发生了爆炸,使室内的油灯熄灭,暖水瓶的胆被震得成为碎片。在火球经过的床单上,留下了焦痕。烟囱也被击破。经研究证实,这就是最罕见的联珠状闪电。早在1916年5月8日,在德国德累斯顿城市的一所钟楼上空,曾发生过一次联珠状闪电，有不少人见到了它，并作了记载。人们首先看到的是一个线状闪电，它从云底伸向地面，击中钟楼。然后，人们看见线状闪电的通道变宽，颜色也由白色变为黄色。不久，闪电通道渐渐变暗，但整个通道不是在同时间均匀地变暗的，因此明亮的通道变成了一串珍珠般的亮点，从云层底部垂挂下来，十分美丽。人们估计亮球有32颗，每颗亮球的直径约有5米，亮球之间的连线隐约可见。

之后，亮珠逐渐缩小，形状变圆。最后，亮点愈来愈暗，终于完全熄灭。这种奇特的联珠状闪电，是世界上最罕见的闪电。至今，人们对这种闪电的研究还很不够，成因尚不清楚。

西瓜大的冰雹

透明的球形或略成圆锥形的冰状降水现象称为"雹"。其直径约为2~5毫米的称小冰雹，直径大于5毫米的称为冰雹。雹核通常是不透明的，外面包有透明冰层，有时为许多透明层和不透明层相间组成。最常见的冰雹如豆粒大小，但也有如鸽蛋，甚至鸡蛋那么大的。雹是发展得特别旺盛的积雨云（雷雨云）的产物，降冰雹时常常出现雷暴。持续时间不长，降落的范围也不大，但由于从几千米的高空落下，冲击力很大，往往损坏房屋、庄稼，伤害人畜，是一种灾害性天气。

我国领土辽阔，平均每年局部地区都有冰雹灾害。在号称"世界屋脊"的青藏高原，由于辐射强烈，气流受地形影响扰动强烈，降水具有多雷景和冰雹的特点。在唐古拉山的那河一带，平均每年降冰雹34次之多，是我国冰雹最多的地方。这里不仅冰雹次数多，而且雹粒大，有的像核桃、鸡蛋那么大，有的竟有拳头那么大。

1991年3月2日晚9时50分左右，在云南省红河州屏边县东部山区的白云、湾坛乡境内，下了一场百年不遇的、历史罕见的特大冰雹，持续时间长达1个多小时，一般的冰雹直径在10厘米以上，比鸡蛋还大，最大的冰雹直径有15厘米，比拳头大得多，比世界上最大的冰雹直径仅差4.05厘米。1970年3月9日在美国堪萨斯州的戈费维尔降了一场冰雹，最大的冰雹直径为19.05厘米，圆周44.45厘米，和一个小西瓜差不多，重0.77公斤，为有史以来所罕见，是目前世界上最大的冰雹。但它还不是最重的，1958年8月11日在法国的斯特拉斯堡下了场冰雹，最重的达0.97公斤，它是世界上最重的冰雹。

云南省的屏边县，多冰雹天气，常产生于三四月份，1959～1990年的31年中共出现了37次，平均每年1～2次。1976年4月下了一场大冰雹。冰雹大如鸡蛋，房屋破损，人畜伤亡，庄稼被毁。1991年3月的这场特大冰雹，给这个地区的群众带来了重大损失。它波及到7个行政村、47个自然村。冰雹打碎房顶瓦片，瓦房转瞬间成了一片废墟。

"寒极"和"风极"

世界最冷的地方在哪里？风力最大的地方在哪里？一百年前人们是不太清楚的。俄罗斯东西伯利亚的奥伊米亚康地区，是闻名于世的"冰库"，冷到-50℃，极端最低气温是-71℃，曾被认为是世界上最冷的地方。在美国的华盛顿，于1934年4月11日~12日，在两天内刮了一场世界罕见的大风，瞬时最大风速在90米/秒以上，风过之处，墙倒屋塌，电杆折断，市内交通阻塞，通讯联络中断，伤亡不计其数，造成了世界上有名的风害事故，这里可谓是世界上风力最大的地方了。

近百年来，各国探险队纷纷深入南极大陆，在那里设站，进行考察和观测。人们才得知南极洲才是世界最冷的地方和风力最大的地方。1960年8月4日，苏联的科学家在南极的"东方站"，测得当地的绝对最低气温是-88.3℃。1967年初，挪威的科学家在极点附近记录到-94.5℃的低温。在东南极洲可能存在-95℃～-100℃的绝对最低温。不论寒季或暖季南极洲的平均温度和极端温度，都比其他大洲任何一个地方要低。南极的温度要比北极低20℃。东南极洲大陆内部高原，年平均气温低于-50℃，这才是真正的"世界寒极"。南极大陆不仅终年严寒，并且多风暴。一般风速在24米/秒以上（十级风），有些地方可超过70米/秒。法国的一个南极观测站曾记录到100米/秒的风速，这是迄今为止全球观测到的最大风速，被称为"世界风极"。南极洲的寒季，狂风挟着冰屑和粒雪形成风暴，既频繁又强烈，每次可长达6～8天，猛烈地扫荡着广大的冰原，磨蚀裸露在冰层之上的山峰，使之变得参差错落。如此风力之大的风暴，是世界各地所罕见的。

南极洲极度寒冷的气候，首先是它所处纬度最高，夏半年虽有几个月的白昼，但太阳只是在地平线附近盘旋，阳光斜射，十分微弱；冬半年又有很长时间沉没在漫长的黑夜里，根本见不到太阳。在极点附近，极昼和极夜长达半年才交替一次。巨厚的冰体不仅是导致低温的冷源，而且冰雪具有反射阳光的强大能力，使南极洲格外寒冷。其次，位于南纬40°～60°的西风环流，是环绕南极洲的一大"风壁"。它阻挡热带地区的暖气流进入南极洲，这也是南极洲气候酷寒的原因之一。与相似纬度的北极区相比，北极是海，南极是陆，而且地势很高，由于海陆的热容量不同，遂造成南极洲冬半年气温急剧下降。由于南极大陆终年酷寒，在那里就自然形成一个强大的高气压中心，大陆外围是副极地低气压带，因而由大陆中心向四周经常吹逆时针方向的强风，即极地东风。南极大陆成为地球上风速最大、风力最猛、风暴最多的地区。

地震世界纪录

地球表面的震动叫地震。它是一种经常发生的自然现象。据统计，全球平均每年发生的地震约500万次，其中人们能感觉到的约为5万次。一般5级以下的地震对人们影响不大；7级以上的大地震，往往给人们带来很大的危害；8级以上的特大地震，就会发生地陷，引起海啸，给人们带来严重灾难。从1904～1975年的72年中，全球共发生了81次8级以上的特大地震。其中发生在我国境内的约占总数的1/10。1556年1月23日在我国陕西省华县发生了8级大地震，约死亡83万人，这是有史以来，因地震而死亡人数最多的一次。日本是著名的"地震国"，1923年9月1日在关东平原发生了8.3级大地震，毁掉东京房屋的73%和横滨房屋的96%，共计57.5万间，死亡和失踪人数约24万人，相模湾海底发生断裂错动，使海底出现一二百米的升降变化，地震引起了海啸，使横滨、横须贺等城市遭到很大的洗劫。估计损失28亿美元。这是当时世界上物质损失最大的一次地震，但它还不是世界上最大的一次地震。1960年5月在南美洲智利莱布发生了一次特大地震，从5月21日开始，一直延续到6月22日，先后共发生225次不同震级的地震，其中7级以上有10次，8级以上有3次，最强烈的一次达9.5级。这次特大地震使震中区几十万栋房屋遭到毁坏，地面下陷，湖岸崩塌，滚滚外流的湖水淹没了瓦尔迪维亚城。地震震源在智利中南部的海底，海底地震引起巨大海啸。海啸就是一种巨大的波浪运动，其波高最大时可达数十米，起伏陡峻，俨如峭壁，且来势汹涌，奔腾迅速。海啸的形成是在震后不久，海水忽然迅速退落，露出了最低潮线以下的海底，10～20分钟后，海水骤涨，平均波高10米，最大波高达25米的巨浪迅猛地直冲海岸。海水如此一涨一落，持续了半天多。对沿岸一带带来巨大损害，几乎洗刷一空。据报道，这次地震影响的范围扩及南北700多公里，在这次地震加海啸中，智利有上万人死亡和失踪，有200万人无家可归。这次海啸，不仅使智利遭受灾害，海浪还以平均每小时700公里的速度横扫太平洋，用了13个小时海啸波到达夏威夷群岛，在这里最大的波高为9米，海浪冲毁了岛上的防波堤，摧毁了沿岸的建筑物，淹没了大批土地。这次海啸甚至冲击到远离震源1.7万公里的日本。海啸波到达太平洋彼岸日本时的最大波高仍有8.1米，使日本本洲和北海道沿岸同样遭到极大的破坏，甚至把日本海边的大渔船运丸号抛向高出海平面几米，深入陆地40多米的码头上，最后跌落时压塌了一幢民房。这可称得上是个世界奇闻。

预示灾难的地声

这是一个厄运降临的黑夜。1976年3月28日凌晨3点多，河北省昌黎县农民突然看见从西北方向掠过一溜火光，随着火光的迅速接近，一阵震耳欲聋的巨响，犹如古战场上的千军万马奔驰而来，几分钟后天晃地摇，一场大地震终于发生在冀东大地……就在同一时刻，著名的工业城市唐山，顷刻间夷为一片废墟。几十万生命葬身于一堆堆瓦砾之中。正是这不吉祥的"地声"预示了一场灾难的降临。

唐山大地震前还有许多当地人听到这使人恐怖不安、难以忍受的地声。地声如惊雷轰鸣，似山洪暴发，又像几十台隆隆而来的履带式拖拉机或数百架飞机轰鸣，掠空而过，叫人头晕目眩。

从事地震研究的科学工作者认为，地声是地震发生前，岩石产生破裂造成的。这一结论是通过岩石抗压试验证实的。在岩石总破裂之前，岩石的微裂隙相互贯通形成较大裂隙或产生新裂隙时，会出现一些声频振荡，震前的地声产生的原因与此类似。还有一种地声伴随地光产生，是放电引起的爆炸声，和打雷相似。

掌握地声常识，利用震前的地声现象，及时采取疏散和应急措施，可以收到较好的防震抗震效果。唐山大地震前，滦南县一所中学的师生正在支农劳动，当时，几位老师被强烈的地声从睡梦中惊醒，他们立即警觉大震将至，马上叫醒学生，一起跑出屋外。过一会儿，地面颤动起来，紧接着房倒屋塌，在场的师生免遭厄运。

利用地声进行临震预报很有意义。使用精密的能接收和监听地声的仪器，把人的"耳朵"伸向地下，提前听到地声，甚至听到人们直接听不到的"超声"和"次声"，将有效地预报地震。

瞬息万变的地光

1976年7月28日凌晨3点41分，从北京开往海滨城市大连的129次列车，驶过唐山的古冶车站以后，正以每小时90公里的速度，风驰电掣般向东驶去。车厢里，旅客们都已进入梦乡。突然，漆黑的夜空闪出三道耀眼的光束，平地而起，掠向天空，转瞬即逝，仅在夜空留下三朵蘑菇状烟雾。"不好！这是地光，要发生大地震！"正在全神贯注驾驶机车的司机，当机立断，赶紧拉起非常制动闸，紧急刹车。当列车减速后，强烈地震发生了，列车剧烈地上下颠簸，左右摇摆。这时司机又机敏地稍松大闸，启用小闸控制机车，终于把摇摇晃晃的列车慢慢地停了下来，避免了脱轨、翻车的危险，保护了列车的旅客安全。

地光是地震的预兆。地光是什么样呢？唐山震区群众有很多亲身感受。从形态上看，大致分两类，一类是无固定形态的地光，一类是有形态的地光。

无固定形态的地光，人们感觉的是天空泛泛发光，黑夜无月，但仍可辨清周围景物，持续时间较长。唐山地震前，丰润县一名学生一觉醒来，见院子里很亮，以为时间不早，该上学了，可是一问时间是凌晨3点。

有形态的地光其形态复杂，瞬息万变。有火球状、片状、电弧光状、条带状、柱状、蘑菇状等。1976年7月28日凌晨3点多钟，武清县居民看见一个火球从东南向东北方向移去，突然火球一闪变为一片火光。当夜，唐山市附近上夜班的工人，在震前看见远处出现断断续续的闪光，刹那间又由红色闪光转为银蓝色片状光，随即"摇身一变"呈白光掠空而过。

地光的颜色有红、橙、黄、绿、青、蓝、紫以及各种混合色，但以红光及白色光为多。另外还有一些日常罕见的银蓝色、白紫色等奇异色彩。这些光五颜六色，瞬息万变，十分强烈，给人一种恐怖感。

地光是怎样形成的呢？主要成因有两种：一是电磁发光现象。在地震前地表及附近的大气电场增强，携带不同电荷的气光。另一种地光与地下某些可燃性气体发生自燃有关。这些可燃气体以地层裂缝、井口、喷砂孔为通道喷溢出地表，形成信号弹似的火球，或形成火团，随风飘荡。

奇异的地光对于预报地震有重要意义。

地震前动物行为反常

地震是一种破坏性极强，对人类危害十分严重的自然现象。因此，如何准确预报、预测地震，成为地震研究工作的重要内容。

在大地震发生之前，地球的地应力、地下水、地电和地磁都发生异常现象，这些现象给地震预报提供了有力的证据。然而，除了人类的观察之外，还有一些特殊身份的地震"预报员"——动物。

大地震前，很多动物都有异常反应。1976年7月28日，在我国唐山地区发生大地震前，人们发现很多动物有异常反应。地震前一天，滦南县农民发现大老鼠叼着小老鼠跑，神情紧张；

昌黎县有一家养的鸽子，在震前一两个小时全部飞出窝，把主人和邻居都闹醒了；唐山郊区有一只狗，震前夜里不让主人睡觉，主人一躺下，它就进屋叫，主人将它赶出去上床睡觉，它又进屋叫，最后咬了主人一口，主人生气了，拿棍子追打，出门不一会儿，地震就发生了。1974年2月4日，辽南发生地震前一个农家养的十几只鸡，任凭主人怎么唤，就是不进鸡舍，当晚7点地震就发生了。还有许多发生地震的地方震前也发现不少动物有异常反应。

震前动物为什么发生异常反应，这个谜现在还没有完全解释清楚。有些解释还是可信的，有人认为，临震前，震源区的岩石在强大的地应力的作用下，发生剧烈的物理和化学变化，同时产生声、光、电、磁、热等现象，动物感觉出这些异常现象，出现了异常反应。也可能由于地磁、地电变化，影响了动物的生物钟的正常秩序而使动物发生异常反应。

当然，动物的异常反应有时也跟气候变化、季节更替、生活环境改变、惊吓和疾病有关。所以，当发现动物有异常反应时，人们一定要注意出现异常的动物种类、数量及分布范围的大小，分析原因。

地球表面最低的地方

有人问，地球表面最高的地方在哪里？人们会异口同声的回答：是位于亚洲喜马拉雅山脉中段的珠穆朗玛峰，它海拔8848.86米，是世界最高峰，也就是地球表面最高的地方。那么，地球表面最低的地方在哪里？回答就不一致了。有人说是位于亚洲西部的死海湖面，在海平面下392米，比我国最低的吐鲁番盆地还低238米，是世界最低的地方。有的书中竟明确写道："死海是地球表面上最低洼的地方。"其实，地球表面分两大部分，未被海水淹没的部分叫陆地，而地球上广阔连续的水域部分叫海洋。死海其实是陆地上最低的地方，而不是世界或地球表面上最低的地方。71%的地球表面被深厚的海水所覆盖，其形态与陆地一样，有着复杂多样的地形，既有高的海底山脉，又有广阔的海底高原和盆地海沟。海沟属于洋底最深的部位，深度一般在6 000多米，有的超过1万米，长达数十公里至数百公里。这一地带地壳活动强烈，地震频繁，常有火山爆发。海沟是海底深而狭长的凹地，两侧坡度较陡，分布在大洋洋底的边缘地带。目前在大洋中已发现有33条海沟。其中最深的海沟，也就是地球表面最低的地方了。海沟最深的部分叫海渊。

1957年，苏联科学院海洋研究所的一艘海洋考察船"斐查兹"号，对位于太平洋中西部马里亚纳群岛东侧的马里亚纳海沟进行了详细的探测。这是一条非常著名的海沟，它南北延伸2 850公里，而宽只有70公里，以近乎壁立的陡崖，深深切入大洋的底部。据估计，这条海沟的形成迄今已有6 000万年。考察船"斐查兹"号于8月18日用超声波测深仪在海沟的西南部发现了一条特别深的海渊，它位于北纬11°20.9′，东经142°11.5′，其最大深度达到11 034米，这里就是迄今为止已知的全世界海洋中最深的地方，即地球表面最低的地方。如果把世界最高峰珠穆朗玛峰放在里面，它的顶峰离海面平还相差2 186米。海渊通常以发现它的船只来命名，所以这条海渊就被命为"斐查兹"海渊。

由于海水深度每增加约 10 米，压力就要增大一个大气压，因此"斐查兹"海渊里的压力将达到 1 100 多个大气压，加上缺氧，有人认为在这样的环境里，生物一定不可能生存。1960 年 1 月 23 日，有位美国科学家率领他的儿子乘坐"特里斯特"号深海探测器，潜到了"斐查兹"海渊的底部，成功地经受住了 15 万吨巨大压力的严峻考验。他们下潜不到几百米，即已进入完全黑暗的世界。在那里，偶尔出现繁星点点，或像箭似地一掠而过的发光动物。经过两个多小时，他们终于下潜到世界海洋的最深点，即地球表面最低的地方亲眼看到龟虾类悠然自得地遨游在水中。

400年未下雨的"旱极"

提及干旱，就会想到我国的西北内陆，在甘肃、新疆毗邻地区及青海柴达木盆地西北部，是降雨最少的地方。无论从东南或西北来的外部气流都很难到达这里，空气湿度很低，而潜在蒸发力却极大，难以形成降水条件，所以大部分地区年降雨量在25毫米以下，是一个干旱中心。其中新疆塔里木盆地东南部的若羌一带，年降雨量不足10毫米。它仅够下一场短暂的小雨，连地面都不能湿。东部吐鲁番盆地西侧的托克逊，降雨量更少，年平均仅为5.9毫米。在吐鲁番盆地南部的却勒塔格沙漠，有些年份终年不降一滴雨。新疆塔里木盆地的东部却是我国的"旱极"。但与世界上干旱的地区相比，还不是最干旱的。

世界上干旱的地方有非洲北部的世界上最大的撒哈拉大沙漠。那里气候终年炎热干燥，降雨极少，年平均降雨量不足30毫米，有些地方多年不见一滴雨。天气变化无常，风沙和风暴更增加了撒哈拉的干旱。烈日当空时，沙面上的温度可高达70℃以上，把鸡蛋放在地上能够烤熟。这样酷热干燥的地方，可还不是世界上最干旱的。世界雨量最少的地方在南美洲西南部的智利，其北部是热带沙漠气候，几乎全年无雨。智利最北端的阿里卡，1943年平均降雨量只有0.5毫米。另一城市伊基克，已连续14年滴雨未下，人们只能从高山背冰化雪，供应生活用水。但这里还不是世界最干旱的地方，智利的阿塔卡玛沙漠，到1941年止，已有400年未下一滴雨，它才不愧是世界上最干旱的"旱极"。

智利北部尽管濒临太平洋，有用之不尽、取之不竭的水源。但那里正好是副热带高压中心控制的地区，盛行离岸风（风从陆地吹向海洋）；而靠近智利的海洋，又是秘鲁寒流流经之处。由于寒流的温度较低，使那里的空气十分稳定，大气不会发生上升运动，即使在海边，水汽串不能进入高空凝结成雨滴。陆地上几乎完全得不到海洋上湿润气流的调剂，智利北部阿塔卡玛沙漠，因此成为世界上最干旱的"旱极"。

地球上最热的地方

世界上最热的地方，按洲论，世界七大洲中，无疑是非洲。它的一个显著特点，就是"热"。非洲全称为"阿非利加"，这词在拉丁语中的意思就是"阳光灼热"。由于赤道横贯非洲中部，全洲有3/4的地区在热带，阳光直射，地面受热多，热量十分充足。中部气候受到副热带高压的控制，加上大片的沙漠，更加强了气候的炎热程度。全洲95%以上的地区，年平均气温在20℃以上。最热的地区，气温可达40℃以上，甚至超过50℃。所以，有人称非洲为"世界的火炉"，是世界上最热的大陆。

赤道附近，阳光直射，气温一般较高。但世界上最热的地方，却并不在赤道附近。如南美洲厄瓜多尔的首都基多在赤道上，却四季如春，东南亚的印度尼西亚，地跨赤道两侧，午平均气温为25~27℃，也不是世界上最热的地方。我国新疆吐鲁番盆地在北纬40°左右的地方，离赤道很远，可是夏季炎热如焚，每天午后气温都超过35℃，40℃以上的气温也屡见不鲜，7月平均气温达33℃。自古有"火洲"之称，另有"火焰山"之称。1941年7月在那里测得了47.8℃的最高气温，是我国最热的地方。但与世界有些地方的最高气温比，它还差不少。如早在1879年7月，在北非阿尔及利亚的瓦格拉就测得了53.6℃的最高温度；1913年7月，在美国加利福尼亚州的岱斯谷中，又测得了56.7℃的最高温度；1922年9月，在利比亚的加里延又测得了57.8℃的最高温度；1933年8月，在北美洲墨西哥的圣路易斯也测得了57.8℃的最高温度。现在世界上最热的地方还是在"热带大陆"，但也不是在赤道。非洲北部的撒哈拉大沙漠、埃塞俄比亚、索马里的红海和亚丁湾沿岸地区（北纬10~20度），年平均气温都在30℃以上，索马里的柏培拉（北纬10.26°）7月份的平均气温最高达47.2℃，极端最高气温达63℃。这里是世界上年平均气温最高的地方，也是世界上最热的"热极"。

世界上这些最热的地方，都是地球上的副热带地区。该地区有一个环绕全球的十分稳定的副热带高压。在这个高压控制之下，空气稳定，少云、干旱，再加上副热带地区阳光强烈，照射在寸草不长的裸露的沙石上，使地面气温急剧升高。有时即使空中在下雨，不等降落到地面，就又被蒸发光了。因而在这些地方就成为孕育世界"热极"之地。世界"热极"柏培拉，也就是由于它被围于沙漠之中，从沙漠中吹来的风极热而干燥，雨量极少。地面沙石吸收大量的太阳热，把空气烤得灼热，加上地势低，烤热的空气不易流散，因此气温就特别高，成为世界上最热的"热极"。

世界 "雨量冠军"

在我国西南的川西素有"雅州天漏"和"峨眉天漏"的谚语，贵州亦有"天无三日晴"的说法，该省的遵义市全年雨日可多达240天。但这些地方还不是真正多雨的地方，据现有气象资料显示，在大陆上雨量最多的地方是西藏的雅鲁藏布江下游河谷中巴昔卡，平均年降雨量为 4 495 毫米（1931～1950 年）。就全国范围来说，台湾基隆南侧的火烧寮，平均年降雨量为 6 557.8 毫米（1906～1944 年），是全国的真正冠军，为我国的"雨极"。但与世界上降雨最多的地方来比还相差很大。在《世界之最》中记载，南美洲智利南部的巴伊亚菲利克斯，一年 365 天中雨天竟占了 325 天，成为世界上雨天最多的地方。但在《世界自然地理手册》中记载，美国夏威夷群岛考爱岛的瓦伊阿列亚山区，是世界上降雨天数最多的地方，一年有350个雨天，年平均降雨量为11 450毫米（1920～1972年）。这些降雨天最多的地方，并不是降雨量最多的地方。世界上降雨量最多的地方在亚洲南部印度半岛东北部的乞拉朋齐，是印度阿萨姆邦的一个小市镇，1890年8月～1891年7月，一年中降雨24 461毫米（相当于8层楼那么高），成为世界的"雨量冠军"。在1960年8月1日～1961年7月31日，又创造了全年降雨26 461毫米的新纪录。最近40年，乞拉朋齐的年平均降雨量为10 818毫米。最多时，仅1个月就降雨9 300毫米，比我国的"雨量冠军"火烧寮的平均年降雨量还多2 700余毫米，大致相当于北京正常年份一年降雨量的15倍。乞拉朋齐不愧为世界"雨极"。

乞拉朋齐位于布拉马普特拉河的南侧，卡西山脉的南坡，海拔高度为1 313米。它的东西两侧均为山地，仅向南展开面对孟加拉湾。该地属典型的热带季风气候，受夏季海洋气流的影响为夏雨区，降雨量丰富。因东南信风越过赤道转为西南季风，加强了这一地区的夏季风。乞拉朋齐三面靠山的地势，阻挡了从海洋吹来的潮湿空气，迫使它上升，凝结为地形雨，在迎风坡倾盆降落下来，使乞拉朋齐成为世界闻名的"湿角"，是世界的"雨量冠军"，是世界的"雨极"。

极 光

1957年3月2日19时左右，从我国东北黑龙江沿岸的漠河到呼玛城一带，出现了奇异的现象。人们看见一团殷红灿烂的霞光突然腾空而起，瞬间变成了一条弧形的光带，从黑龙江上空伸向大兴安岭以南，历时45分钟之久。后来当地人才知道这种美丽耀眼的光带，就是罕见的极光。

极光是一种奇丽的大气光学现象。它通常出现在地球两极或高纬度地区上空。出现在南极上空的称为"南极光"，出现在北极上空的称为"北极光"。极光的形状多种多样，结构各异，亮度强弱不一，极光有时还出现波动，蜿蜒起伏，连绵数十里。它的光带有时还会出现褶曲，形态如龙似蛇。五彩缤纷的极光光芒四射，景色瑰丽动人。

极光的形成是与太阳活动密切相关的。太阳是一个巨大的气体球，表面温度在摄氏 6 000 度以上。它经常处在剧烈活动之中。它既释放出大量的光和热，也产生强大的带电粒子流。当这些带电微粒子流的一部分进入地球外围稀薄的高空大气层时，大气中的氧、氮、氢、氖、氦等气体，受带电微粒流的激发，能发出不同颜色的光。所以，极光就显得绚丽多彩、变幻无穷了。极光的出现与太阳黑子活动关系甚密。当太阳黑子活动强烈时，极光出现的次数就多，分布范围也广。而且，天文学家发现极光通常出现在太阳黑子 11 年周期中最活跃的阶段之后。

极光出现在高纬度地区，特别是两极地区出现的几率平均每年可达 100 次以上。极光之所以多在极地出现，是因为地球是一块巨大的磁石，它的南北两个磁极分别靠近地球的南北极。因此，从太阳发射出来的带电微粒，受到地磁场的影响，使它们聚集在地球两极的附近，激发大气而成为极光。当发生强磁暴时，在低纬地区也偶尔能看到极光。

站在两半球上

厄瓜多尔首都基多以北的加拉加利镇，是赤道线通过的地方。赤道是地球上接受阳光最多的地段，它把地球分为两半，赤道以南叫南半球，赤道以北叫北半球。印第安人把加拉加利镇叫"太阳之路"。1736年，西班牙、法国地理考察团以科学仪器测定，确认了赤道方位。1744年建成10米高的赤道纪念碑。纪念碑是赭褐色花岗岩砌成的四方形塔体，顶端立一石刻地球仪。碑身四面刻着E、S、O、N四个字母，表示东南西北方向。地球仪南极朝南，北极朝北，被一道白线分为两半。这道白线到碑座又重复出现，象征这片土地是南北半球的分界线。塔身上刻有"这里是地球中心"的字样。如果你来到这里，背碑而立，两脚跨于赤道线两侧，那么你就是站在两个半球上了。

随着测量仪器的精密化，联合国教科文组织对赤道纪念碑坐标多次复验，证明准确的赤道线是从碑南2公里处通过。于是1982年在新址建成"世界中央城市"，又矗立一座比旧碑放大10倍的新碑。新纪念碑高30米，坐落在一个直径100米的大圆盘上。碑顶放置着直径4.5米、重4吨的铝质地球仪。东北碑面写有："纬度：0°；经度：西经78°27′18″。"碑体中心是空的，有电梯通向碑顶的瞭望台。旅客可登上瞭望台观赏这里的景色。虽然是站在赤道点上，可是这里海拔2480米，高度把炎热驱走了，所以凉风习习，一点也不感到热。世界中央城市有博物馆、展览厅、商店、邮局、游艺场、旅游饭店和纪念碑广场。每年都有很多游客到这里观光。人们都想饱尝一下站在地球两半球上的感觉。

最北的村镇

大约在北纬71°，挪威北部紧靠北极的地方有一座小村镇，名字叫哈默菲斯特，它是地球上最北的村镇。

哈默菲斯特村镇规模不大，居民不到一万人。可是这里环境优美，人们安居乐业。这座村镇东、西、北三面环海，南面背靠群山，构成了天然屏障，与外部隔离开来。境内有许多小山，山中开辟了阶梯和通道，人们可以沿阶梯登上山顶远眺北极海上景色和全城的风景。镇中居民生活得很快乐，自由自在，邻里之间相处和睦。哈默菲斯特城虽然地处高纬度，但由于长年累月的吹来西风，而且受到大西洋暖流的影响，人们生活亦很方便。大西洋沿岸一带从不冻结，附近的海边、水域广阔而又温暖，深度不大，又是寒、暖流交汇处，因此，沿岸是鱼类活动的良好场所。自古以来，哈默菲斯特城就是狩猎和捕鱼的中心，凡是人们进入北极狩猎和到北冰洋捕鱼，都以此为基地。镇中居民也靠狩猎和捕鱼为生。

然而，这个村镇毕竟是高纬度地区，劳动场所不是在冰天雪地，就是在风大浪高的海上，条件十分艰苦。而且这里全年昼夜长短变化极大，夏季全是白昼，而冬季却是连续几个月的黑夜，哈默菲斯特人已经习惯这里的生活，当夏季一到，冰雪融化，动物开始活动。"黑月"却是人们打猎捕鱼的最好时期。在这样的环境下劳作，劳动强度很大，人们养成了勤劳勇敢、团结一致的优良品质。

哈默菲斯特虽然很小，却有一座人们引以为豪的特殊博物馆，馆内陈列着北极地区的动物标本以及狩猎、捕鱼的工具，展示出该城兴起、变化和发展的历程，其目的是让青年人了解老一辈狩猎和捕鱼的光辉业绩，教育他们继承父业，不断进取，创造新生活。

世界上第一张天气图

1820年，德国莱比锡大学的教授布兰蒂斯，创造了有史以来世界上第一张天气图，从而开辟了世界气象学领域的新纪元。

布兰蒂斯是位专门研究物理和气象学的专家。1820年，他发现天气变化和气温、气压有密切关系。为了进行研究，他提出了把天气的情况描绘在地图上的设想。

为了研究，布兰蒂斯迫切需要有一批实际观测到的气压、气温的数据，以进行假想的实验。恰好此时发现了一批1783年3月6日在欧洲出现的一次大风暴的记录资料。布兰蒂斯利用这批记录资料，在一张简单的欧洲地图上，把气压相等的地方用线连接起来，把风向用"箭头"表示。这样，从地图上明显地看出，气压低的地方正是风暴的中心英法海峡，而风是从欧洲中部和北部吹向风暴中心的。

这是世界上最早的一张天气图。

1821年12月24日，在欧洲又一次发生了大风暴，布兰蒂斯迅速绘制了12月24日和26日的天气图，并分送有关学者、专家们。科学家们这时才开始知道，天气图对气象研究的重要作用，从而引起了注意。

当时欧洲各地虽已有天气观测，但并没有统一组织。1837年，德国一位学者曾计划，在统一时间，用统一方法进行观测、交换资料等活动，但因客观上存在很多困难，没有成功。

1849年，英国人格雷夏因掌握电报局、铁道公司以及报社等有利机构，他集中了30个观测所的气象资料，绘制了天气图。1857年，在伦敦博览会上，格雷夏公开了他的天气图，受到了世界各国科学家们的赞赏。

地图上发现的学说

在解释地壳运动现象的成因理论中，有一个在地质科学舞台上曾经风行一时的学说——大陆漂移说。

大陆漂移说着眼于地壳的风平运动，认为最初形成的地壳是很薄的花岗岩质地壳，漂浮在玄武岩质基底之上，由于地球自转离心力的作用和潮汐摩擦力的作用，使漂浮在玄武岩基底上的花岗岩大陆，产生由东向西的漂流。由于漂流速度不同，就分裂成各大洲，其间就形成了各大洋。大陆漂移的前缘受基底阻碍处就挤压成了褶皱山脉。

20世纪初，有一天，德国气象学家魏格纳在看世界地图时，惊奇地发现南美洲大陆和非洲大陆边缘形态正好可以拼接起来。从这个现象着手，他收集了大量有关地质结构、古气候条件、岩石和化石等资料，在分析研究了它们的相似性之后，于1910年提出了大陆漂移假说。魏格纳认为美洲和非洲及欧洲、印度、澳大利亚、南极洲等所有大陆，在大约3亿年前曾经是一个整体。当时地球实际上只有一个大陆，称"泛大陆"或"联合古陆"。海洋也只有一个围绕着它的"泛海洋"，而现在的大洋和大洲是大约2~1亿年前才形成。

起初，科学家们对这个想法嗤之以鼻，不承认这个观点。20年代初，魏格纳的一位好友将一篇阐述魏格纳观点的文章送给一位著名的地质学家，结果他被气得暴跳如雷。

一个正确的想法要经过许多年时间的考验和人类对这种想法的再认识，才能为人们普遍接受。例如，1543年，当时正是地心说统治天文学说的时代，而波兰的天文学家哥白尼却提出了地球和其他行星是绕着太阳运转的。过了两百年以后，这个观点才为大多数科学家所接受。魏格纳的观点也遭到了这样的境遇。一直到60年后的20世纪20年代，这个想法才成为数以百计的科学论文所讨论的内容。事实上，60年代后期，在地质学家中间曾进行过一次民意测验，结果表明，有80%的地质学家同意"大陆漂移"这一学说。

绿色的太阳

一天，天气晴朗，万里无云，一辆满载着旅客的公共汽车，正风驰电掣地驶向阿勒泰。当汽车行驶到天山以北漠漠沙海边时，太阳就要落山了。乘客们望着夕阳普照的准噶尔盆地，无不沉浸在美好的回忆之中……忽然，有人惊奇地喊了起来："快看，绿色的太阳！"全车的人立即振作起来，挤向西侧的车窗，多少双眼睛一齐对准远处的天边。大家喊了起来："太阳变绿了！"奇怪，快要落山的夕阳通常都是橙红、橙黄或蜡黄色，可是眼前清清楚楚看见的却是绿色的太阳，而且射出绿色光辉竟像嫩草一样鲜绿，周围的天空也染上了绿色。乘客们对此现象感到新奇。

　　为什么会有这样美妙的绿光呢？起初有人以为是人眼的一种幻觉，后来经过专家们的观察和研究，才知道这是由于大气折射作用所产生的一种自然现象。太阳通过大气层的折射作用，以地平线附近最为显著。大气对于太阳各种波长的光折射程度是大不相同的。对红光折射率最小，紫光折射率最大。当大部分太阳光盘已在地平线以下，只有很小一部分露在地平线以上时，其边缘部分发光点通过大气折射而分离出不同颜色的光波，紫光和蓝光极易遭到大气分子的散射，难以入射到人的眼帘，只有绿色或淡青色的混合光在条件适宜时才能被看到。

　　绿光持续的时间很短，观察者所在的纬度和季节不同，绿光持续的时间就不同。通常在冬至、夏至时，太阳离开地球赤道而偏向南北的距离最大，因而在北纬65°处看到绿光的时间最长（3.6秒）。但能否看见绿光，还取决于日落时大气透明度是否良好，天空水汽含量是否适度。如果日落时太阳是红色的，并可以用肉眼直接注视它，那么绿光就不能出现；如果太阳接近地平线时，本身的黄白色很少改变，而且落下去时很明亮，那么绿光出现的可能性就比较大。人们在我国新疆北部准噶尔盆地看到绿光太阳，就是因为当时那里具备上述的那些天文地理和环境条件。

变形的太阳

古往今来，太阳一直为人类无私地奉献着光和热，人类从诞生之日起就对太阳有着特殊的感情，赋予太阳许多美妙形象的称谓，诸如：金轮，赤轮、明光、曙光等，又根据季节的不同，把春天的太阳叫做春晖，夏天的太阳叫做骄阳……无论是"金轮"还是"赤轮"，都没有离开圆字，人们通常看到的太阳总是圆圆的，不管是正当中午，也不管是日出或日落，太阳总是以圆形存在于天空。然而有人却亲眼看见过"长方形的太阳"。

1933年9月13日，美国学者查贝尔在美国西海岸较高纬度的地区观看日落景观时，发现一轮慢慢西沉的太阳，开始由圆形变成椭圆形，继而底部、上部先后削平，最后变成一个近似长方形的太阳，于是他把整个夕阳沉落的过程拍照下来，留下了一组珍贵的照片。

落日变形是一种自然奇观。那么太阳为什么会变形呢？这是阳光通过大气层发生天文折射的结果。在地球周围包着一层大气，大气密度由下而上逐渐变稀，离地球越近的大气层，其密度越大，离地球越远的大气层，其密度就越小。由于不同密度的大气对光有不同的折射系数，这样，来自任何天体像日、月、星的光线穿过大气时就改变了直线前进的路线。因此，只有当太阳位于天顶时，人们看到的才是真正的位置，其他任何位置，我们肉眼看到的太阳位置都要比它的真实位置高一个角度。这个差别的大小取决于太阳所处的高度，高度越低，折射角度愈大，视高度和真实高度差别也越大。当太阳接近地平线时，折射角可达到半度。这时，由于太阳上升或下沉的速度，就会使人们肉眼看到的太阳发生变形。这种变形不仅能使太阳呈扁形、椭圆形、方形、长方形，而且还可以使太阳呈更奇特的怪形。然而，这种变形还要受到天气条件的影响。较大幅度的变形，只有在地球的高纬度地区，在无风、无云、空气中没有冰晶雾、最底层大气结构不一致等严格的天气条件下才能产生。因此，见到奇形怪状的太阳的机会是极少的。

关于日期变更的纠纷

　　1519年9月20日，葡萄牙航海家麦哲伦，率领由5条帆船、265人组成的远航队，收起船锚，鼓起风帆，在轰鸣的炮声中，离开西班牙的圣路卡尔迪巴拉麦达港，驶入大海，开始了人类历史上一次向西环球探险航行。

　　在当时的技术条件下，驾驶帆船过洲跨洋是冒险的。然而麦哲伦却率领他的远航队知难而进。他们劈涛斩浪，克服重重困难，勇往直前。1521年4月，就在他们历尽千辛万苦，平安渡过太平洋，抵达菲律宾群岛，胜利在望时，麦哲伦不幸在与当地土著人搏斗中献身。最后只剩一条维多利亚小帆船，在西班牙人埃里·卡诺指挥下，继续顽强地向西进发。他们机警地避开暗礁，绕过险滩，在海上漂泊，最后终于在1522年9月6日，胜利抵达佛德角群岛。这里离西班牙只有一天的航程。船员们非常兴奋，决定离船上岸，痛痛快快玩一玩。

可是，当他们刚登上海岛，就与岛上居民发生了一场意外的争吵。"今天是9月6日。"船员们说。"不，今天是9月7日。"当地的居民说。他们的争吵被岛上的神父知道了，于是神父大发雷霆，斥责船员们一定是把斋戒日向后推迟了，在应该吃斋的日子里吃了肉。这对虔诚的宗教徒来说是弥天大罪。船员们当然不认错，他们发誓赌咒，说没有记错日期。埃里·卡诺打开航海日记让神父看，虽然天天有记录一天不差，但神父仍旧不宽恕他们。船员们感到懊丧、冤枉，但谁也说不清为什么船上是星期四，岛上却是星期五。究竟谁对谁错呢？

答案只能从地球的运动规律来寻找。地球是一颗行星，它除了围绕太阳作公转运动以外，它还绕自己的地轴由西向东自转。人类生活在地球上，觉察不出地球的运动，看到的却是太阳在由东向西运动。很早以前人们把太阳连续两次经过观测者子午圈的时间间隔定义为一天。这大致相当于地球自转一周（360°）的时间，所以它每转1°，时间约为4分钟。因此，在地球上不同经度的地方，看到太阳东升西落的时刻就不相同。东边的地方总比西边的地方先看到太阳升起，也先看到太阳落下。这样一来，在地球东西方向进行长途旅行时，旅行者所经历的一天就不会正好是24小时，向西时会长一些，向东时则短一些。

维多利亚号小船向西航行，船员们向着太阳降落的方向前进，每天看到日落的时间总要晚一点，就是说小船上每天的时间总要长一些。据估算，维多利亚号小船向西每航行一天，看到日落的时间约晚80秒，日积月累，在他们驶抵佛德角时，正好凑够了一整天。这一天就这样神不知鬼不觉地溜掉了。船员们全然不知。假如他们是由西向东，向着相反的方向旅行，环球一周后，又会不知不觉赚回来那一天时间。即使同一瞬间，处于不同经度上的人由观测太阳而得到的时间，也是各不相同的。这样就需要在世界范围内有一个共同的时间计量系统，以解决环球旅行时的"日期矛盾"。为此1884年国际上规定太平洋中靠近180°经线附近为国际日期变更线，又叫"日界线"，让每个新日期都从这条线的西侧开始，到它的东侧结束。如果由东向西经过日界线时，旅行者要将自己的日期增加一天，由西向东经过日界线时，则要把日期减少一天。按此规定，维多利亚号是由东向西航行，到达佛德角后，他们应把日期由9月6日改为9月7日，这样就和当地居民的日期一致了。但在当时人们对此没有明确规定，维多利亚号船员与当地居民发生"日期矛盾"是不可避免的，这也不能怪维多利亚号船员，因为他们并没有错。

一"刻"时间有多长

"刻"是人们常用的一种时间单位。1刻指15分钟。这种计时单位源于中国。所以有人说成语"一刻千金"中的"一刻"就是指15分钟，其实则不然，这里的"一刻"是指14分钟多一点。因为这个词源于古代。

周朝时候，中国人采用的计时器是铜壶滴漏。漏壶计时的方法，是在铜壶底钻一个小孔，壶内竖一根刻有度数的箭，水灌满铜壶后，从小孔一滴一滴地漏下，水面缓慢下降，箭杆上表示时间的刻度就逐一露出水面。古人说的"清漏移""漏断人静"，其中的"漏"字就是指这种计时器具。

滴漏，水多时由于压力大，所以滴得快，水少时滴得就慢。

因此它记录的时间很不准确。于是，我们的祖先又加以改进，在上面阶梯形地设置了上、中、下三只播水壶，下面设一只受水壶，让中、下两只播水壶始终保持水满状态。这样，水位稳定，滴漏的速度均匀，水滴入受水壶后，使水壶内有刻度的箭形浮标能准确地指示出时间。

东汉时我国又发明了百刻计时制。在漏壶的浮箭上划分为100个刻度。"一刻"就是指浮箭上升一个刻度的时间。100个刻度是代表一昼夜，即24小时，那么一个刻度就是

$$\frac{60\times24}{100}=14.4（分钟）$$

所以说"一刻"相当于14.4分钟。

苏格兰看到蓝色太阳

1951 年 9 月 26 日，苏格兰的居民看到一个奇景：日落的太阳变成蓝色，闪着蓝色的光辉。次日，蓝色的太阳又出现在丹麦、法国、葡萄牙、摩洛哥的上空。这轮蓝色的太阳在不同的时间和地点，变幻着自己的颜色，由雪青色变为蓝宝石色和淡蓝色。这一天空奇景在欧洲一些地区延续了两三天。

类似的现象在中国也曾出现过。1965 年春，一天下午，一次特大尘暴出现在北京上空，天昏地暗，黄沙滚滚，细粉似的黄土簌簌地洒落地面。人们吃惊地看到，太阳忽然失去了耀目的光芒，变成了蓝绿色，室内的日光灯，也变成蓝色。然而在其他地区金色的太阳如同往常一样光芒万丈。

为什么会产生这样奇怪的现象呢？问题显然出在大气层，与太阳本身无关。

其实，太阳光是由红、橙、黄、绿、蓝、靛、紫七种肉眼可见的光线和肉眼看不到的红外光、紫外光组成的。红、橙光波长较长，红外线的波长最长；蓝光、紫光波长较短，紫外线波长最短。阳光进入大气层后，就被空气分子散射。但空气分子散射波长较短的蓝光的能力，比散射波长较长的红光、橙光的能力大几倍。由于太阳光中的蓝光被散射到四面八方，所以人们通常见到的天空是蔚蓝色的，而太阳本身则是金黄色。日出日落时，阳光穿过的空气层比较厚，其蓝光被散射掉的就多，所看到的太阳当然是红色的。

空气中的悬浮物，如尘埃、水滴等也会散射阳光中的蓝光。但是，直径为0.6～0.8微米的尘埃微粒和小水滴的行径却很特别，它们散射红、黄光的能力大于散射蓝光的能力。如有这种微粒悬浮空气中，红、黄光会被散射掉，而留下蓝光，人们看到的太阳便是蓝色的。

在欧洲和中国北京出现的蓝色太阳，就是尘雾把阳光中的红、黄光散射掉了，而只剩下蓝光的缘故。

通古斯大爆炸

1908年6月30日，格林尼治时间零点14分，在西伯利亚贝加尔湖以北约800公里的通古斯河波德肯马亚盆地，发生了一次举世震惊的陨星坠落。在方圆2 400多公里的范围内，天空万里无云，人们看到一颗巨大的火球自南而北，像通常的流星那样划破盆地上空，坠落在一个森林密布的偏僻村庄附近，引起了一次强烈的大爆炸。据记录，流星飞行和爆炸所发出的炫目的亮光，使"太阳为之失色"。陨星降落伴有强烈的辐射和摇撼，当时，全世界的地震台、气象站和地磁场都受到干扰，并记录下这次事件。人们通常称这次震撼世界的爆炸奇观为通古斯大爆炸。当时，侥幸活下来的目击者回忆说，看到这突如其来的大爆炸，感到"好似天体坠落了，地球的末日到了"！有的被爆炸声震呆，有的被当时天空异状吓晕……事情发生后，人们一直不敢靠近此地。直到1927年，才对爆炸现场进行首次调查。结果实在令人费解：森林遭到的巨大破坏历历在目，但丝毫没有见到一个陨石坑的痕迹……最令人吃惊的是植物生长的速度加快了。

如此严重的后果到底是什么原因造成的呢？几十年来这一问题一直困扰着科学家们。科学家围绕这个宇宙来客，产生了种种猜测，争论不休。有人说，通古斯大爆炸是规模至少不小于3 500公里范围内的磁化转向而引起的；有人说，在陨石坠落和飞经的地区，出现了松树生理突变加快的现象，就是生物的正常遗传性能发生紊乱……然而，他们的观点都没有揭开爆炸的秘密。

后来，苏联科学家彼得洛夫提出一种新的假说。他认为，通古斯的宇宙来客根本不是什么流星的陨石，而是一颗稀松的雪团组成的彗星，也很有可能是一颗固态氢组成的彗星。根据乌克兰科学院地球物理化学研究所的科学家计算，这个宇宙来客的重量是500万吨。彗星的头部不会超过300米。当然，这样大的"雪团"在进入地球大气层后，很快就蒸发完了，所以地球表面没有留下任何残骸。然而，当它到达地球上空二三十公里时，光化学和电离反应遭到破坏，彗星熔化所产生的游离态氢的速度加快，并开始同臭氧相结合。于是，瞬间几千公里的臭氧层被破坏，形成了一个窟窿，"太阳风"透过这个窟窿乘虚而入。正如前人所说的那样，太阳光总是照着彗星的尾部。因此，带电的宇宙粒子流在爆炸发生的地区和彗星坠落经过的地区，引起了第二次辐射。放射性引起植物遗传密码的变化，促进了它们的生长。而且，爆炸时释放出的能量和"太阳风"，唤醒了大气中沉睡的气体氮，使它的化学性质变得十分活跃：氮与氢、氮与氧迅速在燃烧中反应生成化合物，被崩到各处。这些化合物遇到湖泊、池沼、低洼地的湿土时，就能变成肥料——氨水、稀硝酸和尿素等。这些含氮化合物由于爆炸产生的巨大气压而进入深土层，促进了植物生长。此外，由于强烈的爆炸，土壤深处的气体代谢过程发生了变化，也会促进植物的生长。几年以后，土壤中的肥料耗尽，树林等植物的生长将会恢复到正常状态。

哈雷与哈雷彗星

1682年的一天夜晚，晴空万里，星月皎洁，欧洲大地格外平静。突然，人们发现天空出现一颗奇异的星星。它像一把扫帚，披头散发，拖着一根长长的尾巴，闪闪发光，在群星灿烂的夜空里，显得格外耀眼。它就是我们现在所说的"彗星"。可是那时人们对有关彗星的知识相当贫乏，因比，对彗星这位不速之客的到来，人们惊恐万状。

在这以前，有位丹麦天文学家，名叫布拉误，把彗星当作"妖星"，并给它涂上了神秘的色彩，说"彗星是由于人类的罪恶造成的。罪恶上升，形成气体，上帝一怒之下，把它燃烧起来，变成丑陋的星体。这个星体的毒气，散布到大地，又形成瘟疫、风雹等灾害，惩罚人类的罪恶行为"。因此，欧洲的天主教对这次彗星的出现视若灾难降临。他们大肆宣扬："'妖星'出现，世界的末日就快到了，大家快向上帝忏悔吧！"一连几十个夜晚，这颗彗星总是沿着自己的轨道缓慢运行在浩繁的星空，人们无不望而生畏……王公贵族们利用这一自然现象，咒骂他们的政敌不得好死，星相家与巫师们，信口开河，一派胡言乱语，要大家赶快禳灾消祸……然而，英国天文学家爱德蒙·哈雷却对彗星毫无惧色，决心探索这颗所谓"妖星"的奥秘。

哈雷搜集了英国和世界各地历史上有关彗星的观测资料，通过对24颗彗星的轨道的计算，发现1531年、1607年和1682年出现的三颗彗星，轨道十分接近，而且这三颗彗星出现的时间恰好相隔75年左右。因此，他发现了彗星运行轨道，同时又一次有力地证明了万有引力定律的正确性，使天文学和物理学向前推进了关键的一步。按照哈雷对彗星周期的科学预测，1758年12月25日，壮观的大彗星果然如期莅临。后来，人们为了纪念这位科学家的预言，将该彗星定名为"哈雷彗星"。

经过无数科学家，特别是天文学家的潜心研究，现在，人们不仅能更准确地计算出彗星的周期，而且已经知道彗星内部的主要成分：冻成冰的气体和尘埃、大石块，长尾巴主要由氮、碳、氧和氢等各种化合物的自由原子团构成。

来路不明的巨大冰块

1983年4月11日中午12时50分左右，江苏无锡市天气阴沉，街上行人稀少。忽然在市东门附近的半空中，一块直径约五六十厘米的东西，擦着电线杆落到地上。与此同时发出"砰"的一声巨响，地面腾起一层雾气。周围的电线和电线杆被震得不停地晃动。一位名叫王泉娣的老太太被飞溅的碎块擦破了脸皮。老太太十分好奇，随手捡了一小块，装入瓶里。人们赶紧围过来观看，原来落地的是一块大冰，已经砸碎，其中最大的碎块约有饭盒那么大，一些零星的碎块飞出了几米之外。这奇怪的巨冰从何而来呢？

难道是冰雹？然而人们注意到，这天无锡市的天气云层状况并不具备产生冰雹的条件，而且冰雹也不会仅仅落下这么孤零零的一块，当天飞越无锡上空的飞机，也可以证明没有掉过冰块，无疑巨冰是天外来客——陨冰。

在太空有很多以冰为主组成的天体，大的有天王星、海王星以及土星、木星的一些卫星；小的如众多的彗星，等等。它们都可能是陨冰的故乡。陨冰在坠落时，大多因与空气强烈摩擦而发热、气化，以致没等到达地面就消失殆尽，即或偶尔落到地面也往往被误认为冰雹而听任消融。因此，陨冰少为科学家所瞩目。在此之前，1955年8月30日，一个15岁的美国孩子正在路上行走。突然有件东西从天而降，落到他身边半米多远的地方。原来是一块重达3公斤的冰。他抬头望望天空，晴空万里，没有下冰雹，附近也没有人和他开玩笑，于是他将这块来历不明的冰块捡了起来，放在一个瓶子里。后来，他把已化为水的冰送给科学家鉴定，发现这块冰确有与冰雹不同的化学组成。它不仅很少含有冰雹的成分，而且还具有碱性反应，含有陨石中常见的铁、镍等成分和彗星中陨石里常有的氨和氢。可见这也是个"天外来客"。

1957年，在内蒙古自治区伊克昭盟的伊金霍洛旗某山谷中，曾发现一块巨冰，大得像吉普车，而冰雹是不可能超过10

公斤的。这巨冰也是陨冰。

1973年6月13日，甘肃华池县山庄桥发现一块高十多米的巨冰，有三层楼那么高。1975年7月25日，内蒙林西县十二吐公社在遭到一次冰雹袭击后，也曾发现一块重约30公斤的"大冰雹"，可惜都未采到陨冰水样。

王泉娣老太太收集的陨冰水，献给了科研单位。这绝无仅有的水样简直是稀世之珍。它对于研究天体、天文、气象以及宇宙的起源具有重要的价值。最近国家正式规定，除保留67毫升作科研使用外，其余的陨冰融水当作国宝收藏。

火从天降

1871年10月18日，美国芝加哥城天气格外晴朗。傍晚，街上华灯初照，挤满了欢乐的人群，夜色悄悄降临了。

突然消防队接到警报：市东北部有一幢房子失火了。没等消防队员穿戴整齐，又接到警报说：距刚才失火的房屋约3公里以外的圣巴维尔教堂也失火了。多处失火的警报接踵而至，消防队应接不暇，不知应该先去哪里救火才好。不到两小时，全城已燃成一片火海，人们奔来跑去，惊恐万状。大火连烧数日，一千多人被烧死，十几万人无家可归，这座繁华的城市化为一片废墟。

据说，起火的原因是一头母牛碰翻了一盏煤油灯引起的。

打翻一盏灯引起一场大火是可能的，但有些奇怪的现象却难以解释。火警几乎是同时从相隔一定距离的不同地段发出的，并且与芝加哥相邻的几个州的森林和草原也同时发生火灾。靠近河边的一个金属造船台，被烧熔成一整块，它的周围并不连接任何建筑物。一座大理石的纪念像也被烧毁。更离奇的是数百名逃离火海的人，却死在没有起火的郊外公路上，对尸体的检验证实，这些人的死与火烧无关。打翻油灯引起火灾的说法显然是站不住脚的，那么究竟是什么原因引起的火灾能在瞬间使全城燃成一片火海呢？

有目击者声称：天降之火。美国科学家维·切姆别林根据比拉彗星的环绕周期和彗星的自身分解，计算出有一部分彗星碎块正好于1871年10月18日与地球相遇，相遇点恰好在美国。这就证明在两小时内燃遍全城的"飞火"，便是比拉彗星的碎块群，那些不易燃烧物的燃烧，是遇到了正在燃烧着的陨石。由于彗星里含有大量致命的一氧化碳气体和剧毒氰，它可以短时间在一定范围内造成"致命的小气候"，因此那些逃离火海的人也难免一死。

月亮真面目

自古以来，人们对月亮一直怀有特殊的感情，它唤起了人们无数的奇思遐想。我国古代流传的嫦娥奔月，吴刚伐桂等富有传奇色彩的神话故事，就是人们对月亮寄托美好感情的产物。月亮时圆时缺，形影变幻，激起人们的缠绵情思，无数文人墨客以此赋诗作词，寄托思亲、言志的情怀，如李白的《静夜思》："床前明月光，疑是地上霜。举头望明月，低头思故乡。"古人称月亮为冰轮、玉盘、银钩、玉弓、雪魄、明镜、银镰等，形象生动地勾画了变化多端的月形和月色：弯时似钩似镰，圆时似盘似镜，而月色似霜似雪。由于月球距地球遥远而又神奇，所以人们看到月亮确实美丽。然而人们用肉眼看到的月亮不是月球本来面目，月球的真实面貌并不像古人所想象的那样美丽动人。

1969年7月20日，阿波罗11号宇航飞船中的两名宇航员，平安地踏上月球，亲眼看见了月球的面貌。月球上既没有空气和水，也没有花、鸟、鱼、虫等各类生物，更没有像人一样的高级动物。月球的表面是凹凸不平的，那里既没有广寒宫，也没有桂花树，只是一系列环形山脉和叫做"海"或"湾"的平原。在阳光的照射下，高出的部分显得很明亮，低洼的地方显得很阴暗。人们为月球上的环形山脉用地球上的山名或世界著名科学家的名字命了名，这样，月球上就有了哥白尼山、开普勒山、居里山、张衡山、祖冲之山……还有亚平宁山、阿尔卑斯山……由于月球上没有空气和水，所以月球上既不刮风也不下雨。月球自转一周是27.32日，其中一半是白天，阳光照射下温度可高达100~127℃。而另一半是黑夜，温度可下降到-150~-183℃。而且，月环上的白天天空颜色也是一片漆黑，上面还点缀着许多星星，然而这些星星与在地球上看到的不一样，它们明亮而不闪耀。太阳和星座同在黑色的天空中出现，太阳光只能照亮月面被直接照射到的地方，而背阴处就显出十分黑暗的阴影，黑白交界十分明显。但是，在地球上，却看不到这些。

人们所能见到的是由于地球、月球和太阳三者有规律运动所引起的位置变化，因而产生月亮圆缺的变化，加之它那银白色的光辉与地球上的山水构成奇妙的夜景，更加显得皎洁、美好。

峨眉"佛光"

峨眉山是我国著名的风景胜地。那里不仅有高耸入云的山峰，而且植被茂密，色彩翠绿，线条柔美，充满生机……有"雄秀西南"之美称。自古以来，峨眉山就以它那奇峰怪石而著称于世。明代诗人曾这样描写："峨眉高，高插天，百二十里云烟连，盘空鸟道千万折，奇峰朵朵开青天。"峨眉山不仅高出五岳，秀甲九州，而且人们还可见到一种奇特的天文景观——"佛光"。

佛光，又名是华光，也叫金顶祥光、峨眉宝光。下午3点钟以后，太阳逐渐西斜时，人们在峨眉金顶舍身崖上俯身下望，常常可以看到五彩光环于云际之中，熠熠生辉。一会儿，观察者的身影便出现在光环之中，影随人移，互不相失。观察者若是举手投足，光环中的影子也会举手投足，而且无论有多少人并排观看，始终是自己的身影，神秘莫测，美妙绝伦……有诗赞道："云成五彩观奇光，形似尼珠不可方，更有一桩奇异事，人人影在舍中藏。"那么佛光是怎样产生的呢？其他的山脉怎么见不到佛光呢？这是由于峨眉山小气候特点明显，天空中水气充足，具备产生佛光的这一气候和地理条件。

峨眉山上见到的佛光，实际上是太阳位于一定高度时，透过水蒸气的衍射的结果。峨眉金顶的气候和地理条件独特，当山间出现大而稳定的云雾时，如果站在海拔 3 077 米的睹光台上，当人和太阳、云雾恰好处在一条斜线上，并且太阳的高度约为40°，太阳的前方为云雾，人在中间，背向太阳，阳光经过云雾小水滴的衍射，人面对的云雾犹如一张屏帘，顷刻间便会产生一圈又一圈的彩色光环，人影也恰好在其中。如果没有上面的条件，而是遇到晴朗无雾，云雾太高、过低或是雾气薄淡，光线极弱等几种情况，就很难遇到佛光。

飞行受阻

在第二次世界大战期间，曾发生过这样一个故事：一名苏联空军飞行员，驾驶一架重型轰炸机在空中飞行。突然，飞机在天空停止不动了。飞行员检查所有的仪表，没有发现任何故障。为什么飞机会突然停止在高空呢？飞行员百思不解……几分钟过后，飞机才慢腾腾地往前移动，如同一个疲惫不堪的水手在顶着大浪划水一般，挣脱着一种无形的力量。同样的现象在美国的战斗机中也出现过。美国的飞行员以为是敌国使用了某种新式秘密武器，为此惊恐万状。

到底这是一种什么秘密武器呢？当时军界迷惑不解，在军事家的眼里颇感神秘莫测。然而在气象学家的眼里，这种现象根本算不上什么稀事奇闻。因为这是大气中常有的自然现象。

原来飞行员所遇到的不是什么秘密武器，而是大气中的一股激流。

地球外围的大气圈，不是均匀一致的，而是疏密不同，大体上可划分几个层次。紧贴在地面的一层叫做"对流层"，这一层的厚度在 10～12 千米以内，但在赤道和两极是有差别的。在赤道一带，上限可达 15～18 千米；两极地带则在 7~9 千米左右。对流层是大气圈中最稠密的一层，80% 的大气都集中在这一层，它是天气中风云变幻的巨大舞台，人们所感受到自然界的天气现象，都是在对流层里发生的。

对流层的上面是平流层，大约高于海面 5 万米。在这一层内，气流主要是水平方向运动。对流层与平流层之间有一个"层界面"，它是一个比较稳定的、厚度大约在 1～3 千米的中间带。

第三层是电离层。电离层在平流层之上，由于受太阳辐射等作用，这一层气体分子分裂成原子，并且有发生电离成为带电粒子的，因此具有导电和反射无线电波的作用。

再往上 1 万千米，甚至两三万千米，仍然有大气的存在，那些高空中带电粒子，是受地球磁场控制的，可以看成是一个无比巨大的"磁层"。

大气的激流，通常都是发生在"层界面"，即对流层和平流层之间。它是在冷气团和暖气团相接处产生的，流程和范围不固定，可以伸展几千千米，波及范围可达几百千米宽。它的速度极快，可达78～80米／秒，好似一条悬在碧空中的大气河流，奔腾不息。第二次世界大战期间，轰炸机的时速不过在150～300千米以内，而空中激流的时速在250～300千米左右，因此，飞机被迎面来的速度与它近乎相等的激流阻挡后，就会停在空中，处于平衡状态。如果飞速超过了激流速度，飞机便能缓慢前进，如果激流速度超过飞速，飞机就会后退。现在，飞行员遇见这股"神风"已不再惊慌失措，而且伺机加以利用，因为在这股激流推动下，飞行速度可以大大提高。

旋风是台风的雏形

　　1870年的一天，夕阳西下，一轮褐色的日影，渐渐缩小成隐约可见的圆盘，仿佛一个劳顿终生的老人濒临末日一样，消失了最后一点光辉。阴暗、灰色的浓云出现在加勒比海的上空，低垂下海涛之巅，遮住了英、法两国正在交战的船舶的航路。船沉浮在波浪之间，宛如一匹被驱向死路的疲惫不堪的海象，任凭海水冲击。最后一缕微光也消失了，周围一片黑暗。双方战船都停止了攻击，连日的激战顿时消沉大海。暂时的和平使双方的水兵感到轻松。突然，一阵巨大的风暴席卷加勒比海，双方400多艘战船和水兵，统统葬身海底。

　　这风暴便是让人谈虎色变的台风！

台风，在气象学上又称作"热带气旋"。因为它是一种猛烈的气旋，又产生在热带海洋上，所以叫它"热带气旋"。实际这种"热带气旋"就发源于热带海洋上的"旋风"，它的成因与普通的旋风可是大不相同。发生台风地区的气团，经常被强烈地加热，并且为水蒸气饱和。温暖且潮湿的上升气流，在遇冷而凝结的过程中，释放出大量的潜热。这时海面的温度通常在26℃~27℃。温湿的空气上升，与寒冷的上层空气接触以后，水蒸气急剧凝结成云，并把大量的热能传给周围的冷空气，使自己变成雨滴，缩小了体积。其结果，在空中产生了强大的拉力，使饱含着小蒸汽的暖气团，不断地从海面升入较冷的上层大气，这就同安装上一台"空气泵"一样，使热空气和冷空气不停地交替流动。再加上地球的自转运动，气团便开始以漏斗形状旋转起来，形成了"旋风"。这就是台风的雏形。

这种旋风像空气泵一样吸入周围的空气越来越多，潜在的热能也越放越多。美国的一位气象学家推算，海洋上空空气中包含的水分，大约在100万吨以上，它一天之内变成云，所释放出来的能量，可供美国600年的电力需要。

在低气压的中心，气压显著下降，周围的气压变得相当高。这种气压降低的现象引起极强的风。经过一段时间，便发生了可怕的自然现象，在直径200～800千米的范围内，掀起巨大风暴。是的，这种小型的旋风在形成的初期，并没有什么危害。但是中心气压下降，风速和风力增强，危害就开始到来了。待风速超过30米／秒以后，猛烈的灾害性的天气就会侵害人间。根据世界气象组织规定，风力在12级以上，风速在32.6米以上，称之为台风。

台风给人类带来的灾难，不胜枚举。但是人类已经创造并发射了气象卫星，自1961年开始，就能够通过卫星在台风发生之前做出预报，避免或减轻风灾。

龙卷风的罪恶

1920年初秋的一天，在美国堪萨斯州的一个小镇上，一座隐没在绿荫中的小学校正在上课。虽说是秋高气爽的季节，但是这个小镇仍有几分夏意：天气闷热，教室里潮热得令人难以忍受……正当教师给孩子们讲课时，突然可怕的呼啸声传进教室，声音愈来愈大，令人毛骨悚然！惊恐的孩子们纷纷奔向女教师身边，惊呆了的女教师紧紧搂住孩子，刹那间，随着一声巨响，教室的门窗被炸开，女教师看到孩子们像长了翅膀的小天使一样围着她飞转，桌椅也绕着她旋转，飘飘晃晃的女教师惊吓中失去了知觉。当她苏醒过来时，惊异地发现自己躺在烈日暴晒的旷野上，幸存下来的孩子们纷纷跑过来，扑到老师的怀中，教室的碎砖断瓦和残缺不全的桌椅散落得遍地皆是，不远处的碎瓦堆中躺着13条长眠的小生命。她惊呆了！"天哪，是谁断送了这13个孩子的生命呢？"老师百思不解。

制造这一事件的罪魁祸首就是龙卷风。

那么，龙卷风是怎样发生的呢？法国学者威耶在实验室里做过产生龙卷风的小实验。他在一个容器内倒入少许水，再在容器内插进一个玻璃棒。把水加热以后，在密闭的容器内出现了水蒸气。这时，快速地转动玻璃棒，则在棒的周围便形成了"雾柱"，这是因为玻璃棒附近的水蒸气，遇冷后形成的水滴和棒一起转动的结果。龙卷风形成的原理同这个小实验一样，可以把这个实验看成为龙卷风的缩影。接着，威耶把玻璃棒旋转着下移水中，于是形成一个水柱，与雾柱连接一块，同自然界发生的龙卷风一模一样。不过，这仅是龙卷风的一种"水龙卷"。

龙卷风有好几个弟兄，它们的名字分别称为陆龙卷、水龙卷和高空漏斗云。尘卷和火龙卷是龙卷的远房亲戚。尘卷的老家在干热的沙漠地带，它从不出远门去"旅行"；火龙卷的生身父母是火山爆发和大火灾产生的烟和水蒸气。

龙卷风的脾气极其凶暴，它诞生在雷雨云中，是大气中破坏力最强的风暴，一般直径不超过 1.5 公里，风速超过声速。它所到之处，吼声如雷，犹如千万架喷气机在头顶飞掠。龙卷风为什么那么凶暴？力气从何而来？那是因为龙卷风是一种强烈旋转的漩涡，漩涡空腔的外壁空气流速达 50~200 米／秒，所以像一个特殊吸泵一样把它触及的东西统统吸个精光。这个持续不断的上吸运动是如何产生的呢？目前有三种说法：一说是由于地面和大气之间的温差所致，但要使漩涡壁中的空气接近声速，需要有几百度温差，在自然条件下只有火山爆发或特大火灾时才有可能。二说是由于云中的空气猛烈上升、云顶向上伸展，四周的空气向中心填补，结果造成了气旋式的旋转气涡，气涡向下伸展成"象鼻"，成了龙卷。三说是龙卷是一个连续放电的导体，漩涡空腔的云壁不断有闪击的闪电，闪电放电过程中产生的能量触发并维持漩涡的形成。

球　雷

很久以前，有一位农民在牛棚里躲雨，忽然发现树梢上出现一个红色的火球。火球向牛棚滚来，一直滚到他脚下。他用脚踢了一下，不料火球"轰"地一声爆炸了，他被炸死，当场还炸死牛棚中的十几头牛。

类似的事件多有发生。法国科学家弗拉马利昂，也曾发现过一个火球从房间滚出去，好像一个毛茸茸的发亮而蜷缩的小猫滚到脚边，然后又爬到他的身上。弗拉马利昂吓得左躲右闪，火球发出吱吱声飞浮上屋顶，进入烟筒，接着就传来沉闷的爆炸声。火球不见了，可烟筒却被炸成了碎片。

后来人们才知道，这都是球雷发生的现象。球雷大多数发生在雷雨天的树枝状线形闪电之后，有时也发生在无雷雨的天气里。但后一种情形大多发生在高山或潮湿地带。球雷一般直径在几厘米到几十厘米，呈红色或橘黄色，也有湖蓝和蓝绿色，甚至有耀眼的白色。它有冷、热之分，还有移动的和不移动的区别。它的温度很高，落到金属上，能使金属熔化，甚至气化。但球雷的持续时间一般都很短，最长也不过十几分钟。

球雷是怎样产生的呢？为了研究球雷的成因，法国人曾模仿美国著名科学家富兰克林在研究闪电时，所做的风筝实验，在雷声隆隆的时候，将牵着金属长丝的火箭升入空中。当金属丝升高到2 000多米时，一等到闪电打雷，他们立刻用高速摄影机把闪电拍摄下来。结果，他们看到一长串珍珠般的火球从云底垂挂下来，其中有些发光的火球是闪电后形成的。同时还发现，有些被引下来的火球会贴近地面飘忽游荡。经过反复研究后，人们认为球雷是枝状闪电在空中经过或打击地物时，产生了高频电磁振荡，使空气受到激发而形成的一团漩涡状的等离子体。飞速旋转的外围电子，把离子紧紧压缩在内部，使球雷得以存在。此外，球雷还会从周围环境中得到能量补充，如果它因能量补充过多而膨胀，就会发生爆炸；如果球雷遇到障碍，内部电磁平衡受到破坏，也会发生爆炸；如果外界的各种原因不能使球雷维持下去，它就悄悄消失。

在自然界，类似球雷的火球还有不少，像磷火、火流星和地光等，也可能以这种形式出现，但只有地光，即地震时产生的一种火球与球雷的成因相似。其他都有本质的区别：磷火没有响声和爆炸，通常呈淡绿色或淡蓝色，是磷化氢的自燃现象；火流星是陨石残体在高速穿过大气层时，因摩擦燃烧而发光，它是快速直线飞行的。

呼风唤雨的迷湖

在中国云南怒江西岸的高黎贡山中，有些湖泊令人迷惑不解。不论是谁，只要站在湖边大声喊话或发出其他响声，就会使本来晴朗的天空，瞬间变得乌云密布，狂风呼啸，大雨滂沱。

1978年6月的一天上午，中国科学院昆明动物研究所的研究人员，来到怒江西岸的一个叫子里庐比（傈僳语，子里为地名，庐比为湖泊或龙潭）的湖畔采集标本。当时的天气晴空万里，骄阳似火，整个湖畔显得格外平静。长约500米，宽约100米的小湖，沉寂无声……突然，一只麂子从草丛中窜了出来，有人举起猎枪："叭，叭……"连射了几枪，麂子应声倒地。正当人们兴高采烈地拾取猎物时，霎时间大雾迎头罩下，天昏地暗，相互不见人影，接着就是狂风扑面，大雨倾盆……事隔半月，他们在一个叫提巴比石庐比的湖畔，又一次因放枪打麂子遭到风雨的袭击。有人听说这里的怪现象后，表示怀疑，遂带了几个人也去那个湖边，故意仰天大声喊话。不到一分钟，他们亲尝了风雨交加的滋味。对此奇特现象的出现，人们感到惊异！因此，乡民们到这里不敢作声，生怕惊动上帝，降下狂风暴雨……

身临这些湖畔为什么人能够"呼风唤雨"？这是与当地的地形和气候条件有关的。这里地处亚热带山区，因山势较高，山顶上常有积雪冰川，融化后的冰水，汇成了几十个嵌布于莽莽森林中的湖泊。每年4~11月为雨季，平时空气湿度很大，到了夏季气温升高，一些谷地的上空气温可高达40℃左右，这就使空气保持着极高的湿度。可是，湖水却因来源于山顶的冰雪，温度很低，因而在湖面上保持了一个低温层。由于这些湖泊处于山谷洼地，平时很少有风，冰冷的湖水，微风不动，涟漪不起，湖面的低温层与上空的高温高湿空气层保持着脆弱的平衡。然而一旦有外界的声浪冲击，就会导致上下空气层的剧烈对流，造成狂风。高温度的热空气遇到冷空气迅速凝结成水滴，即产生了大雨。这就是在这些湖畔能够呼风唤雨的主要原因。

经纬度线的问世

公元前344年，亚历山大渡海南侵。继而东征，把埃及、美索不达米亚和整个中亚细亚都归入了自己的版图。随军地理学家第凯尔库斯沿途收集资料，准备绘制一幅"世界地图"。他发现亚历山大东征的路线，由西向东无论季节变换、日照长短，都很相似。根据这一发现，第凯尔库斯作出了一个重要的贡献，第一个在地图上划出了一条纬度线。这条线从直布罗陀海峡起，沿着托鲁斯和喜马拉雅山山脉，一直到太平洋。这是世界上最早的一条纬度线。

亚历山大帝国瓦解后，在以亚历山大命名的那座埃及城里，出现了一个著名的图书馆。多年担任馆长的埃拉托斯特尼博学多少。他计算出地球圆周是46 250千米，画了一张有7条经度线和6条纬度线的世界地图，并根据纬度标出了5个地带：两个寒带、两个温带和一个热带。他把经过拜占庭的经线定为基本子午线，称36度线为基本平纬圈。

公元120年，在这个图书馆研究天文学和地理学的克罗狄斯·托勒密综合前人经验，认为绘制地图应根据已知经纬度的定点作根据，提出地图上绘制经纬度网的概念。他设法把经纬度线绘成简单的扇形，从而绘制出一幅著名的"托勒密地图"。但由于他对经纬度测量得不够准确，因此无法实际应用。

到了17世纪，英国格林尼治天文台御用天文学家弗拉姆斯帝德呕心沥血44年，制定了比以前精确得多的月球运行表和恒星方位表，但仍达不到在海上测定经度所需的精确程度。海上计时和经纬度的精确度问题仍然没有解决。

1753年，德国哥廷根天文台的台长托比耶司·迈尔，制定了一张相当精密的月球运行表。他因此获得了一笔英国经度局颁发的奖金。但按他的方法测量，误差仍达到20英里①。

18世纪中期，英国约克郡有位钟表匠哈里森，手艺精湛，技术娴熟。他用42年的时间，连续制造了5台计时器，一台比

————————

①英里：英制长度单位。

一台精确、完美。头几台计时器构件复杂，因而都是庞然大物。到后来体积越来越小，而精确度越来越高。第4台计时器每天的计时误差只有1/10秒。第5台只有怀表那么大，测定经度时出现的误差，只有1/3英里，至此，海上测定经度的问题，终于初步得到了解决。

现在，随着科学技术的飞速发展，海上经纬度的测定除了计时外，天文导航仪器也不断改造提高，尤其无线电导航仪发明后，可以不分昼夜，不受晴雨变化的影响，测量极为方便。

加勒比飓风

飓风是指风力等于或大于12级的风，它破坏力极强。加勒比飓风是世界上破坏性最大的台风，主要袭击加勒比海诸岛和美国东南沿海，本世纪已使美国损失120亿美元以上，丧生1.3万人。

美国东南端的旅游城市迈阿密，曾受到加勒比飓风的袭击。迈阿密新郊动物园入口处，竖立着一座醒目的纪念碑，上面写道："1942年9月15日，里奇蒙海军航空基地在这里建成。机场里主要停落的是软式小飞艇，以侦察墨西哥湾……潜艇、飞艇停放库共有3个大机库……长320米，它们称得上是世界上最大的土木结构建筑的一部分。正巧在基地落成之后的3周年，一次强烈的飓风和一场大火，使全部机库，连同在这里停落的368架军用和民用飞机以及25艘飞艇，均化为乌有。这天，在附近的霍姆斯特空军基地，观测到风速为77米/秒，最大阵风为88米/秒。里奇蒙海军航空基地从此在这块土地上消失了。"

12级飓风的风速是32.7~36.9米/秒，最大的17级飓风为61.2米/秒。而迈阿密的风速却达到77~88米/秒，这在世界风暴纪录上是罕见的。因此迈阿密遭到了严重的破坏。

加勒比飓风虽然破坏力极强，但是不常有，如果加固建筑物还是可以防御的。

龙卷风的恶作剧

1949年，在新西兰沿海地区，突然下了一场"怪雨"，伴随着倾盆大雨，有许许多多的海鱼从天而降，与雨水一同落在地面，人们无不感到惊奇。

1963年夏，在苏联的迪诺村附近，降落了一场罕见的"青蛙雨"，数不清的青蛙和小鱼，同冰雹一块落在人们的头上。位于同一条山谷的达尔干阿塔村，也降了一场类似的"鱼雨"，村民们惊恐万状，把阿姆河流域的这个山谷，称作神秘的"怪雨山谷"。

天降怪雨这种奇异的自然现象自古就有。在中国，远在公元前2600多年就有发现。唐代天宝十三年，宫中下了一场红雨，雨色鲜红，宫中人曾用它染过衣裙。在元朝的英宗至治元年，曾经下了一场铁雨，百姓的房屋多被打穿，死伤很多人。

天降怪雨，喜乐悲伤无穷。它在世界各国都有所发生。1818年，在法国的南部，降了一场"蜘蛛雨"，无数的小蜘蛛，同雨滴一块落地。1954年春天，美国的达本波特，降了一场"蓝雨"。1940年夏，在苏联高尔基州普洛夫地区，发生过天降银币的稀世奇闻。雨后，人们捡到1 000多枚伊万四世时代的银币，财宝从天而降，乡民们以为这是上帝的恩赐，无不盼望这天重来。

在古代关于怪雨的记载，屡见不鲜，可是，人们面对这些神秘的怪雨，是无法解释的，只好把它说成是上天的摆布，是上帝对人类的惩罚和恩赐。当人类开始认清龙卷风的时候，这些怪诞的事件就不难解释了。原来这都是"风魔"捣的鬼，是龙卷风的恶作剧。

龙卷风具有强大的力量，在它经过河流、湖泊或者水库的时候，便把水卷到空中，好像一个水泵一般，往往把水全部吸干。当然，生活在河、湖中的鱼、虾、蛙类等动物，自然也上天了。待风势减弱后，水便像雨一样降落下来，那些水中动物也就光临人间了。那些古钱、金属等也本是人间之物，被龙卷风卷上天空，又重新重落异地，人们便误认为是稀世之宝了。

龙卷风是一种特殊的天气现象。它是雷雨云中方向相反、温度殊异的气流发生冲突时而产生的。在阴雨天气里，雷雨云的上部和下部温度相差很大，致使冷空气骤降，热空气猛升，上层和下层的空气交替扰动，逐渐形成一个速度相当快的空气漩涡，在猛烈的旋转下，形成了一股从天而降的长"龙"，这便是龙卷风。由于风的旋转速度迅速，产生极强的离心力，漩涡内部出现一个空气稀薄的空间，内压很低，所以当龙卷风通过的地方，它会以强大的吸引力把地面上的水、建筑物等带到它的身边，卷入天空。

天空降土

1984年4月的一天，中国西安地区天昏地暗，一片漆黑，这种异常的天气，使人们惊恐不安。虽说是轻风拂面，但谁也不敢说没有天灾降临。顷刻间天空下起黄土来，房上、树上、行人的头和脸上，甚至室内的桌椅上，不断地降落着极细的黄土。人们见此情景，疑惑不解，议论纷纷。

其实，天空降土并不奇怪，在吐鲁番盆地也有过类似的现象。似雾非雾、似雨非雨的黄土从天而降，仿佛往脸上撒粉一样，路上铺满了一层黄土。为什么天空会降土呢？这一现象的出现是有科学道理的。主要原因是侵入关中平原的西伯利亚和蒙古高压冷空气，在直驱南下的途中，一直刮着强风，把北方沙漠、黄土高原的粉砂、粉土粒带到几千米的高空。由于风力不断减弱，比重不同的沙土几经分选，顺着风向依次降落砂粒、粉土粒和黏土。冷空气入侵西安地区时，风力逐渐减小，后来又被秦岭阻挡，风力进一步减弱。因此，大量黄土粉粒飘落下来，形成了罕见的"雨土"现象，即天空降土。

新疆位于大陆腹地，大陆性气候明显，周期性的大风活动就是"雨土"的动力源。由于风力与重力的相互作用，使大风搬运的物质产生了分选沉积作用。大石头停在原地滚动；稍小的碎石块；粗砂或细砾被风带到稍远的地方，组成戈壁滩；那些中粗和细粒沙子被风带到更远的地方，形成了沙丘。更细的黏土等，则被风吹到很远的地方。吐鲁番盆地较低，在喜马拉雅山造山运动时期强烈的沉降作用下，盆地内部沉积了深厚的疏松物质。一旦大风吹经地表时，就把细砂、泥土等刮走。当风速减弱，细土尘埃就不断地降落，下起"雨土"来，历史上也曾在其他地方出现过"雨土"现象。

焚 风

在苏联的塔什干一带，有一年冬季里忽然吹来一阵干热风，严冬时节的寒气顷刻消失，冰雪融化，大地复苏。令人惊奇的是秋天播种的小麦，也萌发出芽了。1922年，在黎波里以南地区，一阵干热风把那里的气温升高到58℃。

起初，人们对气温变化深感不安，对这种神秘的热风来路，众说纷纭。

后来，人们逐渐发现，这股又干又热的风，都是在有山的地区发生的。气流越过高山时，在山的背风坡会产生干热风，这在气象学上称作"焚风"。当未饱和的暖湿气流越山时，气流在迎风坡被迫抬升，并且每上升100米，温度降低1℃。气流上

升到 定高度，空气达到饱和，水蒸气凝结并产生云雨。气流再继续上升，则每升高100米，温度降低0.6℃。假如山高3 000米，气团到达山顶时，它的温度则为0℃。气流越过山顶以后，每下降100米，温度升高1℃，到达3 000米高山的山脚时，气温就变为30℃了。

焚风看上去很神秘，其实，不论是冬夏，还是春秋，也不分白天、黑夜，在山区它都可能出现。1955年7月20日前后，在中国北方出现过一次特别高温，就是从青藏高原大规模侵入的暖空气所形成的焚风造成的。在阿尔卑斯山区，冬季的焚风在一天之内，使当地气温上升15～20℃，是常见的现象。

焚风在世界各山区地带都可以发生，可它的称呼因地而异。在意大利和美国叫"希洛可风"，西班牙叫"列别杰风"。而且，美国的干热风异常干燥和酷热，能够把积雪融化。

中国 "火山博物馆"

过去，人们称黑龙江大片沃野为 "北大荒"。很久很久以前，这里的许多地方都很荒凉，水草繁盛，蒿莱茂长，几十里地见不到人烟。然而，清朝康熙年间，这块宁静的土地，突然间在它的西北一隅变得 "暴躁" 起来。我国较晚的一次火山喷发在这里发生了。

这次发生在德都县境内的火山喷发，始于1719年，而大量熔岩喷发是在1720～1721年。火山喷发时，烟火冲天，并伴有惊雷般的声响，昼夜不绝，声音传出五六十里远。这次火山喷发持续了两年多，炽烈滚滚的熔岩热气逼人，30里外的地方都能感觉到。当时，这里有一条河叫白河，火山喷发时，熔岩堵塞了河道，形成了5个相连的火山堰塞湖，五大连池这个地名就是由此而得。今日的五大连池素有"火山博物馆"之称。周围的14座火山石龙，形成了五大连池火山群，景色壮丽，风光奇异。巍峨耸立的火山群，环抱着碧波荡漾的火山堰塞湖。嶙峋起伏的石龙熔岩，犹如汹涌澎湃的石海。近看则怪石耸立，千姿百态；细观则形象万千，妙趣横生。入夏，这里气候宜人，树木葱郁，花草芬芳，湖光山色，映成一体，是人们避暑疗养的好去处。

火山喷发是世界上最为宏伟壮观的自然现象之一，通常是先从火山口或山脚的裂缝中冒出蒸汽来，随后便有大量的气体、灰沙和碎石块，从火山口喷射到天空，形成巨大的烟柱。随后就有大量熔岩涌出火山口。在火山猛烈喷发的同时，由于空气受热膨胀发生强烈对流形成大风，喷出的水蒸气又可以凝结成雨。火山喷出的高温物质引起空中电荷的改变而发生雷电现象，构成一道奇妙的景观。

火山爆发影响全球气候

墨西哥东南部恰帕斯州的钦乔纳尔火山，在沉睡了一百多年之后，于1982年3月28日深夜苏醒了，4月4日发生了大规模爆发。这次火山喷发，使火山口周围13千米范围内的地面被1.5～2米厚的火山灰所覆盖，所有耕地全部被毁。有十几万公顷的农田、牧场遭到破坏，方圆150千米内4个州20个镇的上万幢房屋倒塌，数千人死亡、失踪。这是近百年来最为严重的一场自然灾害。

为了探索火山爆发影响环境变化的奥妙，美国科学家利用静止环境卫星和诺阿7号气象卫星传输回来的图像，研究了钦乔纳尔火山喷发的全过程，同时采用先进的遥感技术追踪火山尘埃云。从高空、中空、低空到地面，组成了一个巨大的三角空间观测网，对尘埃云进行了全面的监测，取得了前所未有的丰富资料。

这次火山喷发没有喷射岩浆，但喷山的岩石和岩尘总数竟达100多万立方米。滚滚的烟尘以每秒22米的速度顺风扩展，形成了一个从墨西哥一直伸展到沙特阿拉伯上空的带状尘埃云，并逐渐向赤道、欧洲和美国上空扩散开来，这一巨大的云层厚达3 000米，估计有500万吨火山灰。从卫星上所拍摄到的照片中可以看到，在火山爆发后第21天，火山灰已扩散到全球，形成了一个由尘埃组成的帷幕。

研究资料还表明，伴有大量含硫气体的火山灰会改变大气中各种物质含量的比例，并使大气质量变坏，进而对地球上的一切生命产生不利的影响。此外，悬浮在空中的尘埃，能吸收和反射太阳辐射，阻挡紫外线的透过，把湛蓝的天空变成乳白色，到达地面的阳光总量减少5%~10%，使平流层变暖，对流层变冷，从而改变大气原有的热平衡状态。结果使一些地区奇旱酷热，热浪逼人，而另一些地区却低温多雨，寒冷异常。

无疑，火山爆发是引起大气污染及全球气候一反常态的重要原因之一。

火山上出现绿色

1980年5月18日8时32分，美国华盛顿州的圣海伦斯火山突然爆发，使居住在火山周围的60余人丧生，离火山8千米处监视火山动态的戴维·约翰逊博士也当场殉职。这次相当于1 000万吨烈性炸药爆炸力的喷发，把火山灰喷到离地面22.5千米的大气层，这些尘埃绕了地球好几圈。

这次火山喷发摧毁了圣海伦斯火山周围的整个生态系统：森林植被化为灰烬，大小动物相继遇难。火山附近的湖和溪流，在火山灰中有毒化学物质作用下很快成为死湖。这个地方还会留下生命吗？大多数人认为是没有希望了。

然而，就在圣海伦斯火山喷发后一个月，科学家在那里发现了令人惊奇的事情。先是一小块一小块火山灰被下面的什么东西顶了起来。原来，那是一些在火烧过的地方生长的野草。于是，在那荒凉得如同月球表面的圣海伦斯火山上，又开始有了绿色。野草刚刚露出地面，以植物汁液为生的小蚜虫就出现了。不久，以捕食蚜虫为生的瓢虫又开始在野草附近生活。接着，又有更多的昆虫从外面飞进或爬进了这个地区，食虫鸟儿也紧随其后到来。

在离火山 19.3 公里的一个湖中，科学家发现，一些鳟鱼、麝鼠、貂、水蜥、蛙等竟莫名其妙地躲过了这场浩劫，在一个完全陌生的世界上开始了新的生活。不久，一些大动物也开始光临这个地区，来寻觅食物。

科学家经过一段时间的仔细观察，发现在这块覆盖着火山灰的荒漠上，无论是刚出土的植物，还是走着、爬着、飞着的小动物，对其他生物在这里生活都是有利的。以前，人们已发现，在某一生态环境中，许多生物相互依存，才能共同生活，而当生态系统的某一环节被打乱后，一种生物的死亡会引起连锁反应，使其他生物也无法生存。现在，在圣海伦斯火山上发生了相反的事情，少数幸存者互相帮助，这也引起连锁反应，吸引了更多的生物进入这一地区。

这给人们一个意味深长的启示：即使在绝对没有生命的地方，一旦生命获得了立足之地，就会引来一个新的生命世界。

活火山之最

地球上有许多不同类型的火山。人们亲眼看见美洲墨西哥帕里库廷火山爆发时的壮丽景象：烟雾弥漫，火光灼灼，通红的火柱腾空而起，炽热的熔岩在大地上奔流，短短的一个星期，竟在平地上堆起100多米高的山峰。这种在人类史上曾有喷发记录的活火山，地球上有500多座。活火山由于火山喷发物的不断堆积，一般都很高。拉丁美洲阿根廷境内的阿空加瓜火山，海拔为6 964米，是全球火山中的高度冠军，但它在人类有史以来没有再重新爆发，所以，它是世界上最高的死火山。在阿根廷还有座比阿空加瓜火山高度仅低140米的图彭加托火山（海拔6 800米），现在仍在喷发，是世界上最高的活火山。它自

1912年喷发后，山谷里终日烟雾弥漫，热气腾腾，地上有无数的裂口不断冒烟，估计每秒钟有 2 300 公斤的水蒸气和大量的盐酸等气体逸出。在这些喷出的气体中，有些是有毒的，对人和其他生物会造成危害。

有高就有矮，世界上最矮的活火山在哪里？它在东南亚菲律宾的吕宋岛上，叫塔尔火山，相对高度仅 200 米。它位于风光明媚的塔尔湖的中心。塔尔火山近年来在不断地喷发后，火山洼地积水成湖。多年后，火山再度喷发，1965 年、1970 年、1976 年都曾喷发过。1976 年那次喷发，火山灰腾空而起，高达 1 500 米。那喷泉般的烈焰和蒸气，蔚为壮观。塔尔火山不断地喷发，为什么它没有堆积得很高呢？原来，它是火山中的火山，海拔 500 多米的塔尔湖原来也是个活火山，当它停止喷发，喷出的熔岩日积月累，最后露出湖面，天长日久在塔尔湖中心又堆成一个新的塔尔火山。它是在深邃的火山湖中堆积起来的，喷发规模又较小，所以它的高度也就比一般的活火山要矮小得多，成为世界上最矮的活火山了。

活火山中哪座最美呢？人们很快会想起日本最著名的富士山，它是座典型的圆锥形火山，在它的北麓还有"富士湖"，当春季湖畔樱花盛开时，碧绿的湖水和粉红色的樱花交相辉映，衬托着蓝蓝的天，富士山的晶莹雪峰更显得美丽可爱。其实不然，最完美的火山锥是坐落在菲律宾吕宋岛东南的马荣火山，海拔为2 416米，周围占地250平方千米，缓缓的山坡匀称和谐，远远望去，就好像一顶斗笠，戴在葱绿的椰林、稻田之上，酷似一个顶天立地的农人拔海而出。所以，马荣火山被人们称誉为世界上最美丽的活火山。它不仅形态美，而且喷发也十分迷人。一年四季水蒸气源源不绝地喷射逸出。白天，山顶白色烟雾缭绕，迷迷蒙蒙，如朵朵云彩；夜间，喷出的烟雾呈暗红色，整个火山像是三角形的烛座，耸立在夜空中，光照四方。人们身处其间，宛若进入蓬莱仙境之中。当火山即将爆发时，火山口会不断喷出大量气体，提醒人们注意，于是随着附近居民的撤退，世界各地"观火"的旅游者及科学家纷沓而至，以一睹马荣火山的怒吼为快。这座世界上最美的活火山，喷发很有规律，本世纪20年代以来，大致每隔10年就喷发1次。

地球上的"火环"

火山是地壳内部岩浆喷出堆积成的山体。它是一种堆积山，可分为活火山、死火山和休眠火山三种。地球上有很多火山。在人类历史时期经常或周期性喷发的火山叫活火山，地球上现有 500 多座活火山。这些火山的分布是有一定规律的，它们集中分布在地壳运动的地带，形成火山带。大致可分为三带：环太平洋带、地中海—印尼带（西起地中海，经高加索、喜马拉雅山到印尼，沿近于东西方向有一系列火山分布）；洋中脊带（沿太平洋、大西洋、印度洋之洋中脊也是活火山或近期火山较多的地带）。其中，环太平洋火山带，是地球上最大的火山带。

环太平洋火山带，又称太平洋火山环。它从我国台湾向北经日本群岛、千岛群岛、堪察加半岛、阿留申群岛到阿拉斯加，转向南经北美洲和南美洲的西岸，到达南极，再折向北经新西兰、新赫布里底群岛、所罗门群岛直到菲律宾，环绕太平洋沿岸及其邻近岛屿有一系列火山分布，有"火环"之称。日本和千岛群岛有近百座活火山。日本最著名的火山是富士山，被人们称为"圣岳"，它与樱花一起，作为国家的象征。西伯利亚的堪察加半岛有20多座活火山，最著名的是克留切夫火山，喷发有记录的共73次，最近一次在1978年。太平洋东岸、北端的阿留申群岛和阿拉斯加半岛上，有近30座活火山。阿拉斯加半岛上著名的卡特迈火山制造了"万烟谷"奇迹，1912年大喷发，喷出物总量达21立方千米，使全球接收的太阳辐射总量减少了10%～20%。往南，墨西哥的帕里廷库、佐鲁诺等火山都颇有名。中美洲的危地马拉、萨尔瓦多、哥斯达黎加都是多火山国家。萨尔瓦多海岸有座萨尔科火山，每隔几分钟至十几分钟喷发一次，夜航的轮船海员，将它当作一座"灯塔"。再往南，哥伦比亚西部、厄瓜多尔、秘鲁直到智利，也均是多火山地带。有人认为在厄瓜多尔境内海拔5 896米的科托帕希火山是世界上最高的活火山。其实，阿根廷境内的图彭加托火山，海拔6 800米，比科托帕希火山要高出900多米，现在仍在喷发，这才是世界上最高的沽火山。南极洲、新西兰、新赫布里底群岛至所罗门群岛一带，火山活动也相当频繁。在新西兰群岛、伊里安岛、菲律宾群岛经中国台湾到琉球群岛上以及这些群岛附近海底，分布着60多座活火山，菲律宾就有10多座。太平洋火山环众多的火山，加上环内太平洋中部的火山以及与太平洋火山环紧密相连的爪哇弧形岛屿上的火山，总共占有全球活火山的4/5，真不愧为地球上的"火环"。

地球上的"火环"是怎么形成的呢？这是由于太平洋洋底的地壳比较薄，平均厚度不到10公里，而周围大陆地壳的平均厚度却有35公里，相差很大。太平洋四周又存在一些很深的海沟。这些地方，是太平洋板块和大陆板块接触的地带，地壳运动特别强烈。因此，太平洋四周成了火山最集中的地方，成为地球上的"火环"。

震撼世界的喀拉喀托火山喷发

印度尼西亚苏门答腊岛和爪哇岛之间的巽他海峡内，有一座海拔仅813米的喀拉喀托火山和以该火山命名的小岛。别看这座火山其貌不扬，但在100多年前，它却有过一次震撼世界的大喷发。

1883年春，在喀拉喀托岛及其附近地区，人们先是感到地面发烫，随风飘落下大量尘埃。之后，尘雾弥漫天空，整日半明半暗。这预示着那里即将发生不寻常的事情。果然，5月20日这天，震耳欲聋的一声巨响，揭开了火山喷发的序幕。大量的喷发物堆积起来，竟使该面积迅速扩大了一倍。8月26日，更为猛烈的喷发开始了：这个面积约80平方千米的岛屿竟被炸去了2/3，在海底形成了一个300米深的大坑，火山灰所形成的烟云直冲云霄，高达80千米。到27日上午，喷发达到了最高潮。直到两天后才逐渐平息下来。

这次喷发引起的震动，将160千米外的雅加达市许多建筑物的墙壁和窗户都震裂了。喷发造成了海啸，掀起的巨浪达36米高，苏、爪两岛上有3.6万多人在冲上海岸的怒涛中丧生。升入高空的火山灰随着高空的气流环游地球，悬浮于空中达数月之久，结果削弱了阳光，使得地球的气温一度下降，而当日出日落时，全世界都可以看到天空中有一种异常的霞光。火山喷发前，这里热带植物郁郁葱葱，一片生机。航船途经这里时，常常停泊下来补充淡水。可是喷发平息后，30米厚的火山灰和熔岩却覆盖了全岛，毁灭了岛上原有的一切。更令人吃惊的是火山喷发时所产生的响声。8月26日夜至27日晨，由于响声太大，附近各岛上的几千万居民彻夜无法入睡，雅加达的大街上仿佛在进行着一场激烈的炮战。这种奇特的轰隆隆声音竟然传遍了火山以东3 000千米、以北2 850千米、以南3 200千米、西南4 900千米范围内4 000万平方千米的椭圆形地区。声波向距火山4 776千米的毛里求斯所属的罗德里格斯岛传播时间竟长达4小时。这的确是世界上最响的一次火山喷发。

喀拉喀托火山地处地壳破裂、岩浆活动活跃的地区。这里早就有过火山喷发。喀岛和它旁边两个小岛所环抱的海域是一个大火山锥。后来该火山锥崩塌，火山口的残壁才形成了上述三岛。自1880年以来，那一带地震增多，使断裂加宽、加深，为岩浆冲出地面形成火山喷发创造了条件。所以，这次大喷发并不是突如其来的。喀拉喀托火山属中心式喷发火山，喷出的是含二氧化硅较多的酸性岩浆，其特点是黏度大，流动性差，容易阻塞岩浆的通道，冲破它需要巨大的力量。所以这种火山不喷则已，一喷则十分猛烈，响声也特别巨大。

喀拉喀托火山的喷发虽不是世界历史上最大的一次火山喷发（印尼松巴洼岛海拔2 851米的坦博拉火山1815年喷发时，释放出的能量相当于喀拉喀托火山喷发时的80倍，堪称世界之最），然而它却也是灰撒三大洋，声震近万里，不愧为震撼世界的火山喷发。

客机飞越火山

1982年6月24日下午，伦敦机场上一架满载着247名旅客的波音747客机离开地面，向新西兰国际机场飞去……当客机飞至印度尼西亚爪哇岛上空11000米时，副驾驶员格雷弗斯突然发现，几个奇异的火花在挡风玻璃外闪烁。他急忙向机械师弗里曼报告："机械师，挡风玻璃外有火花闪烁，怎么办？"机械师接到报告后，从机舱侧面的窗口向外一看，发现右舱的一只发动机好像在燃烧。机长穆迪得到这一消息十分焦急，迅速赶到机舱，可是，这时机舱内已是烟雾弥漫，机身也轻微晃动起来。他急中不乱，立刻查找事故原因。这时耳边又响起了机械师的报告："第四台发动机灭火！"紧接着又是："第一、第

二、第三台发动机熄火！"这可吓坏了机长穆迪，好在他是有多年飞行经验的老飞行员。他急中生智，立刻命令副驾驶操纵飞机左转弯，内190多公里外的雅加达机场滑翔。机组人员见此情景，无不心惊胆战，旅客们更是惊恐万状……

喷气式民航飞机很少出现类似的情况，偶有发生也是由于防冻装置和供油系统故障所致，可此时飞机的防冻及供油设备一切正常。机长穆迪在冷静地思索着，飞机高度在急速下降。当飞机降至离地面8 500米时，机长命令副驾驶和机械师重新启动发动机。可怕的是，四台发动机无一启动。当飞机降到8 000米时，驾驶室内的增压设备失灵，驾驶员必须戴上氧气面罩工作。飞机继续向6 000米下降。此时，离雅加达机场还有130千米。机场位于一座3 000米高的山后，滑翔中的波音飞机要越过这座高山是不可能的。看来，飞机只能在印度洋上迫降了，情况十分危急。机长穆迪冲进机舱，亲自操纵飞机。可是，当飞机离地面1 500米时，第一台发动机突然恢复了工作。80秒后，奇迹出现了，其他三台发动机也相继轰鸣起来。于是他迅速把飞机拉起来。谁知飞机还未升到安全高度，第二台发动机又出现了奇异的火花，接着停止了转动。当飞机升到安全高度后，第二台发动机又恢复了工作。机长关掉第二台发动机，驾着飞机向雅加达飞去。最后，这架飞机几经周折，终于平稳地降落在雅加达机场。

飞机平安降落后，机械师急忙检查飞机发动机，奇怪的是，除了从发动机的叶片上刮下一些黑色糊状物外，没有发现其他问题。机长穆迪低头吸烟，苦苦地思索起来。机械师弗里曼闭目收听当日的晚间新闻。当收音机播完最后一条新闻后，两人几乎同时从沙发上跳起，急速地驾车又向机场奔赴……

这条新闻，解开了飞机故障之谜！原来那条新闻报道了当时在爪哇岛西部的喀拉喀托火山喷发了一次岩浆。火山爆发使空中的云层充满了灰烬。灰烬与飞机挡风玻璃和机翼相撞，产生了静电火花。当灰烬吸进发动机后，又会起到沙子灭火的作用，造成发动机熄火。找出原因后，这架波音飞机又载着旅客飞入蓝天。

火山爆发喷出冰块

　　火山爆发是地球上一种壮观的自然现象。人们时常见到火山爆发时，地球表面就像被炸开了一个大天窗，灼热的岩浆、水蒸气、火山灰、火山砾冲天而起，熊熊燃烧的烈火映红了天空。然而，在冰岛南部的格里木斯维特火山爆发却是另一番景象。

　　1982年，当这座火山爆发时，喷射出来的不是灰、砾，也不是岩浆，而是大量的冰块。这次火山爆发持续了两周，每秒钟喷射出来的冰块大约有420立方米，在特大爆发时每秒钟可喷出2 000立方米。这次爆发所抛出来的冰块总共约有1.3万立方米，足可以堆成一座巨大的冰山。据记载，冰岛的火山喷发冰块现象，古代就曾有过。这里的火山为什么会一反常态喷射冰块呢？

其实很容易理解，这是高纬度冰层广布地区的火山喷发所特有的现象之一。由于覆盖在火山顶上的冰层深厚，埋在冰层底下的火山，一旦苏醒，则会掀开冰盖，毫不留情地将大量冰块喷发出来，造成了这种奇特的喷冰现象。

假太阳

中国古典神话中，有一篇老少皆知的传说：后羿射日。后羿就是神话中月宫嫦娥的丈夫。他力大无比，善于拉弓射箭。据说，远古的时候，天上的太阳有兄弟10个，这10个太阳炎热炽烈，将地面烤晒得龟裂板结，庄稼颗粒不收，百姓们求天不应，呼地不灵。这时，被太阳兄弟激怒的后羿，搭箭拉弓，一气之下把太阳兄弟射下了9个，只有最小的一个太阳躲藏下来，才得以保存性命，它就是今天地球上人类共同拥有的这颗太阳。

然而，在1986年12月9日上午9点15分，中国古都西安上空太阳周围出现了一大一小两个完整套着的光圈和4个"太阳"。天空又同时出现5个太阳，这简直成了天方夜谭！是被后羿射死的太阳兄弟又死灰复燃了吗？

西安上空出现的光圈呈七色光彩，鲜艳耀目。距太阳最近的小光圈内，有个对称的圆形光斑，光斑大小亮度与太阳相差无几。出现这种现象是什么原因呢？气象学家作出了科学的解释，这种现象气象学上称为"假日"，即假太阳，其实是一种叫做晕的光学现象。它是天空中有冰晶组成的云层时，太阳光被冰晶折射所造成的。假日现象十分罕见，多个假日更罕见。据载，1934年西安曾出现过7个"太阳"。

由此看来，后羿射日的故事就可能是假日最古老的记载。

明亮的天灯

晴朗的夜空中繁星闪烁，浩瀚的银汉不时有流星坠落。

1980年8月26日晚10时45分左右，在我国南方有几个省的数百万人目睹了一次奇异的现象：在江苏北部的上空，突然有一团大小如足球的红色火球冲破了宁静的星空，拖着长长的尾巴，从北向南飞行。当它飞至江苏南部和浙江北部上空时，头部显得格外明亮，犹如一盏天灯，光辉闪耀。后部的尾巴还不时闪射着美丽的星火，就像一条光彩夺目的火龙在天空飞腾而过。最后，从福建上空向台湾海峡飞去，而后，消逝在茫茫大海之中。

当时有人认为是飞碟，也有人认为它是一种新武器。其实，这是晚上罕见的天象，既不是飞碟，也不是什么新式武器。天文学家们说，这是一次流星事件。

流星进入地球大气层时，它前面的气体突然强烈的压缩，温度突然上升，形成高达摄氏数万度的高温压缩"云"，它就像一顶帽子罩在流星的前面，使流星表面熔化，变成明亮的炽热气体和液滴，炽热气体与地球大气的分子剧烈碰撞而发光，这样流星就成为耀眼的光球。在流星飞行过程中，熔融的液滴和炽热的气体不断地被迎面的空气流吹向流星的后面，就形成"火龙"般的尾巴。

一般情况下，流星都是斜向进入地球大气层，几秒钟后就能到达离地面二三十公里的高空。因此，人们还来不及细看，火球就已经消灭了，只能在夜空中看见一道耀眼的闪光。而这次火流星却与众不同，它进入大气层后，几乎与地球平行飞行，同时，由于这颗流星比较大，飞行在60公里以上的高空，那里空气稀薄，阻力较小，不容易烧尽。所以，它能持续飞行近两分钟，飞行距离达1 500公里，像一盏悬挂在夜空中明亮的天灯。

世界最大的陨石

日常生活中经常会遇到天气变化，或降雨，或下雪，或降雪霰冰雹，或生阴霾霜雾。而很难相信天上会降"石头"。但世上有些地方的天上确实降了"石头雨"。我国就有此事。吉林省吉林市郊区1976年3月8日下午3时许，突然降了一场稀奇的"石头雨"，其所及的范围广达500平方千米左右。"雨"后，人们从现场找到100多块大大小小由天上降下的"石头"。经调查研究，这些"石头"竟来自天外的陨石。陨石又叫"石陨星"，是落到地面的陨星残体。陨星原是太阳系"家族"中一颗半径为220千米的小行星，与太阳系的八大行星（水星、金星、地球、火星、木星、土星、天王星和海王星）是"同龄人"，已有46亿年的形成历史了，它围绕着太阳公转，并经常与其他天体发生碰撞。陨星撞入地球大气圈后，因与大气摩擦燃烧而气化，质量大的陨星未被完全烧尽，其碎片或碎块可降至地面形成陨石。从吉林陨石身上所残留的"伤疤"就可证明这一点。在100多块陨石中，有一块最大的陨石，重达1770公斤，被命名为"吉林一号陨石"。它比当年号称世界第一的美国诺顿陨石还重68公斤，是目前世界上所发现的最大一块陨石。它是从一个残星中分离出来的。这个数吨重的残星是在距今800万年前一次陨星与其他天体碰撞时残留下来的。

这个小小的残星原运行于火星、木星轨道之间，因长期不息的奔波，能量有限，突然向地球方向靠拢。它约以每秒15～18公里的相对速度，顺着地球公转方向，赶上了地球，由于强大的地球引力，导致它以大约$16°15'$的入射角向地球俯冲，这时，这个小小残星与稠密的地球大气发生剧烈的摩擦，使它变成一颗大火球，最后在吉林市郊区离地面只有19公里的上空发生爆炸。爆炸后，残体迅速以辐射状向四周散落，像天女散花一样，形成了这场世界上最壮观的陨石雨。这就是在吉林市郊区突然降了一场罕见的"石头雨"的奥秘。最大的"吉林一号陨石"以其特具的热和重落地后穿破1.7米厚的冰土层，陷入6.6米深的地下，在地面形成了一个口径2米的大洞。当时震起的土尘高达数十米，像个大蘑菇云。土块飞溅达百米以外。

美国科罗拉多峡谷风光

在美国亚利桑那州的科罗拉多河上，有19个峡谷，其中有一个最长、最深、最宽的大峡谷，那就是举世闻名的科罗拉多大峡谷。它全长约440千米，宽6～28千米，深达1 830米。它的长度比我国著名的长江三峡（瞿塘峡、巫峡、西陵峡）要长230多公里，是世界上最长的大峡谷。但它并不是世界上最深的峡谷。位于我国长江金沙江段的虎跳峡谷（云南石鼓附近），山峰高出江面3 000多米，峡谷深达3 790余米，水面宽60~80米，最窄处仅30米，相传老虎可一跃而过，故称"虎跳峡"。我国的虎跳峡谷是世界上最深的峡谷。

虎跳峡谷的北面是中甸的哈巴雪山，南面是丽江的玉龙雪山。两座雪峰夹山对峙（海拔都在5 500米左右），两岸峭壁十仞，构成一道难以逾越的天堑，极为险峻。危崖绝壁之上，飞瀑从天而降。峡内险滩密布，尤以虎跳滩最为神奇，湍急的江水从断岸山凌空下注，冲击在横卧江中的巨大礁石上，溅起漫天飞沫。头顶峭壁危岩，脚下惊涛拍岸，形成一幅奇险壮丽的绝景。

科罗拉多大峡谷的两壁，有千姿百态的孤峰和石柱，人们根据它们的形状，给起了许多有趣的名字，如"大拇指""轮船山""阿波罗神殿""月亮神殿""婆罗门庙"等。更奇妙的是大峡谷的色彩还会随着季节、早晚和阴晴而不时变化着。阴天时，大峡谷中弥漫着绚丽的紫色；而当旭日初升或夕阳西下之际，山山水水又染成了橘红色。这是不同颜色的岩石，由于阳光照射的角度不同、强弱不一造成的。景色奇妙的大峡谷，现已为美国的国家公园，在这里，各地来的大批游客不仅可饱览壮丽奇异的自然风光，同时还可参观这座"活的地质史博物馆"，从中学到不少有关地质的知识。大峡谷的断面，上部比较开阔，下部比较狭窄。上部两壁的岩层大体为水平状态，呈阶梯状分布。远望像万卷图书层层叠叠地堆放在迂回曲折的长廊般的书架上，故有"书状崖"之称。从峡谷底部往上，分布着各个地质时期的岩层。底部是几十亿年前形成的片麻岩，顶部是只有1 000多年历史的火山喷出岩。在崖壁上则是几亿年来不同地质时期形成的各种沉积岩。在这些水平岩层中又保存着不同地质时期的化石，它们按照生物进化的顺序，从底部向上堆积着。它清晰地反映了地质发展的历史，故被称为"活的地质史教科书"，是研究地质史的良好考察场所。

科罗拉多大峡谷的基底是十分坚硬的片麻岩，在长达几亿年的漫长岁月里，这里被海水淹没，因而在其上面堆积了很厚的、不同地质时期的各种沉积岩。后来这一地区缓慢地抬升，先露出海面，后又成为高原。由于这一地区没有强烈的地壳活动，岩层也就没有发生强烈的褶皱，大体上保持着水平状态。在高原隆起的过程中，科罗拉多河的河水不断冲刷河谷底部，像利刃般地不断下切，经过1 000多万年的努力，终于切穿了一层层的坚硬岩层，形成了现在这样深邃的大峡谷。现在，科罗拉多河还以每千年冲刷14厘米的速度继续深切，这就是大峡谷上宽下窄，下部呈V字形的原因。

珠峰在上升

　　"圣母之山"是闻名于世的世界最高峰珠穆朗玛峰。"珠穆"在藏语中是女神的意思，"朗玛"是女神的名字。珠穆朗玛峰就是圣母（女神朗玛）之山的意思。这一名称及其地理位置在我国藏族文献中早有记载。珠穆朗玛峰位于世界最高山脉喜马拉雅山脉中段的群峰之中，北坡在我国西藏境内，南坡在尼泊尔境内。山体雄伟，银装素裹。附近山峦重叠，高峰林立，珠穆朗玛峰巍然耸立在白雪皑皑的群山之上，直入云霄，气势雄伟壮丽。远在100多公里外的地方，就可望见它的金字塔形顶峰。在天气晴朗的日子里，常有乳白色的白云围绕着山腰，遇到风雪天，整个山峰弥漫在云雾之中。一年四季，甚至一天之内，山峰景色千变万化，壮丽多姿。珠穆朗玛峰的高山冰川颇为有名。当人们攀登到海拔5 700米时，眼前就展现出各种奇形怪状的冰塔，有的像火箭，有的像高楼，还有冰帘、冰柱、冰墙、冰洞、冰粒、冰蘑菇、冰湖等在海拔5 700~6 300米的"水晶宝塔"地段（冰塔林的世界），光怪陆离，景色绝美，世所罕见，好似无数的艺术珍品。珠峰上冰雪分布的上限可达7 450米，再往上就是裸露的危岩峭壁了。顶峰气温特低，通常都在-30℃~-40℃，天气倏然变化，经常刮7~8级至12级飓风，空气稀薄，严重缺氧。

1717年（清康熙五十六年），清朝皇帝派出的测绘员在珠穆朗玛峰地区测绘地图，正式发现珠峰是世界上最高的山峰。但对峰顶情况不明，长期是个谜。从18、19世纪开始，陆续有一些国家的探险家、登山队，来到珠穆朗玛峰，探测它的奥秘。直到20世纪50年代以后，才有人从南坡登上珠峰。英国探险家于1921~1938年，先后曾7次试图从北坡攀登珠峰，但都失败了。因此，他们把北坡称作是"不可攀登的路线""死亡的路线"。1960年5月25日，英雄的中国登山运动员，战胜严寒、大风、冰雪、陡坡、严重缺氧等重重困难，创造了人类第一次从北坡征服世界最高峰的记录。1966~1968年我国近30个学科的100多名科学工作者，又在海拔7 000多米的珠峰地区进行了全面、系统的综合科学考察，取得了重大成果。1975年5月27日，我国登山队员再次从北坡登上顶峰，并在那里插上了一面鲜艳的五星红旗。参加珠穆朗玛峰考察的科学工作者在登山运动员的协助下，不仅胜利完成了测绘、地质、高山生理、大气物理等方面的考察任务，同时也顺利获得了测定珠峰高度的精确数据。珠穆朗玛峰的海拔高度为8 848.13米，为世界最高峰。

2020年12月8日，国家主席习近平同尼泊尔总统班达里互致信函，共同宣布珠穆朗玛峰的最新高程为8848.86米。

在喜马拉雅山脉12座超过8 000米的高峰中，珠峰是最高峰。大约在距今6 000万年以前，喜马拉雅山脉一带还是一片汪洋大海，在漫长的地质年代里，堆积形成了近3万米厚的岩层。大致从三四千万年（第三纪中期）前开始，由于印度板块与亚欧板块碰撞的结果，使其间的古地中海消失，堆积的深厚岩层被猛烈抬高，沧海变陆地，形成了现在的喜马拉雅山脉，至今它仍在上升之中。珠穆朗玛峰自第三纪中期以后随喜马拉雅山脉的上升而继续升高。现在是以每年平均0.33~1.27厘米的速度上升着，高峰的高度在增长。

盐 山

世界上有不少由岩盐组成的"盐山"。最大的盐山在南美洲西部哥伦比亚，当地居民用了6年时间，在盐山中开凿出一个可容纳5 000人的大教堂。在亚洲西部的塔吉克，距库利亚布不远的地方，有一座灰色的"霍泽莫明"山，它是由纯盐组成的，高达800米，下部伸入地下4 500米。按世界目前每年消耗的盐量来计算，这座盐山可供全世界用1亿年之久。千百年来，风给这座盐山蒙上了一层沙尘，正由于这一天然覆盖层，才防止盐发生潮解。在山上只生长一些杂草，却吸引着许多科学家和旅游者来此考察和游览。这座盐山也就成为世界奇景之一。南欧的罗马尼亚也是世界上盐矿最丰富的国家之一。该国盐矿储量约6 000亿吨，可供全世界所有人吃1 300多年。在喀尔巴阡山两侧，分布着240多个盐丘。厚度达几百米的盐矿，或埋藏在地下几十米的深处，或裸露在外面成为盐山。最著名的斯拉里克矿区的盐山，高出地面30多米。由于岩盐的长期溶解，在盐山内部形成一个很大的地下湖，现在盐山的顶端已有一部分塌落于湖中。这座盐山内的地下湖有岩洞与山外相通，从外貌上看，与石灰岩地区的岩溶地貌非常相似。这种别具景致的盐山已成为罗马尼亚的游览胜地之一。中欧奥地利的盐矿储量十分丰富，岩盐层长800公里，宽32公里，厚1 400米，在开采1 000多年之后，人们又把矿洞建成一座地下城市。那里有高楼住宅、繁荣的商店和几十公里长的公路，也是一个旅游胜地。美国和西欧还利用盐山中的洞穴，建成储气库。

中国也是世界上盐矿最丰富的国家之一，也有不少盐山，最著名的是新疆的盐山。早在1 000多年前，《北史·西域传》便有关于今吐鲁番盐山口一带的盐山的记载。主要分布在库车、温宿县一带。据勘测，库车盆地中含盐岩层有1万多平方千米，储量估计在1 000亿吨以上。岩盐露于地表形成盐山的有20多处，面积大小不等，超于地面的高度，低的有几十米，高的可达300多米。地下岩盐层深超过千米。其中最大的盐山，是位于温宿县北部的阿其克苏盐山，面积达15平方公里，相对高度为360米，像蘑菇一样耸立于地表。新疆的盐山不仅储量大，景致也奇特，就像南方的岩溶山水一样，水是盐山奇景的"雕刻匠"，在盐山中凿出许多奇形怪状的溶洞，洞中明水暗流，洞壁挂着洁白的"盐花""盐葡萄""盐钟乳"，洞底长着"盐珊"，走进深不可测的盐溶洞，琳琅满目，好似置身于地下宫殿。盐山上还有巨大深邃的盐井、盐漏井等，还有盐塔、盐柱、盐桥……

含盐岩层怎么形成的？又怎么成为盐山？原来在很久很久以前，那里是一片大海，地壳上升后，海水被封闭在盆地里，经过千万年的浓缩、沉积，就形成了巨大深厚的含盐岩屋，埋于地下的岩盐，由于地壳挤压运动而出露于地表，形成了盐山。

美国的彩色荒漠

1858年，美国政府的一个考察队，来到西南部的亚利桑那州进行考察，在该州中北部大峡谷以东有一片荒漠，考察队员们在那里发现地面不是一片荒凉的景色，而是在阳光照耀下山岩色彩缤纷，显现出粉红、紫红、黄、蓝、白、紫等绚丽的色彩。有时候，这些色泽又会凝聚成各种颜色的烟雾，熠熠发光，并且随着阳光投射的移动，色彩时时变换，奇幻莫测。对这种奇特的景色，他们取名为"彩色荒漠"。

从大峡谷起，向东南方向延伸直到霍尔普克城的这片"彩色荒漠"，是世界上罕见的自然景色。它的范围长约240千米，宽约24～80千米，面积约19 400平方千米，是世界上最大的

"彩色荒漠"。大部分地区在海拔 1 500 米以上，是一个高原区，过去火山活动的遗迹到处可见。这里气候干燥，雨量稀少，岩石裸露。温度变化极大，冷时温度可在-31℃，热时温度可到41℃。在这样的气候条件下，风化作用强烈，在光秃的崖壁上雕刻出各种奇特的形状。由于空气干燥，岩石原有的色泽没有遭到化学变化的破坏，因而在阳光照耀下山岩色彩缤纷，并闪闪发光，时时变换。这里最使人惊叹的是千变万化的色彩。

澳大利亚五彩独石山

在大洋洲澳大利亚中部一望无垠、一平如砥的荒漠上，有一硕大的石块，十分醒目。这一独块巨石的底沿周长约9公里，高342米。它是世界上最大的独块巨石，似一座独石山，其四壁陡峭、险峻。每到黄昏，这座独石山在广袤的荒原上留下长长的阴影。在夕阳的斜辉中，它通休的颜色由浅红转变为火红，仿佛就要腾起的火焰。落日西下，石山也随之黯然失色，堪称世界奇观。1873年，一位来自南澳洲的测量员威廉·克里斯蒂·高斯历尽艰辛，在侧翼开辟了一条狭路，首次登上这一孤石山顶，并以当时南澳洲总理亨利·爱尔斯的名字命名这块岩石，即"爱尔斯岩石"。它每年都吸引着10多万从世界各地慕名而来的游客。首次开辟的那条登山小路，至今还是通向山顶的唯一道路。

　　经有关专家调查、测定，这块巨大的岩石曾经历了 6 000 万年的风吹雨淋，周围的砂岩都风化瓦解，唯独它仍然屹立。据地貌学家研究分析，可能是受来自不同方向的压力，岩石易受风化的自然接缝，都被紧紧地挤压了，从而防止了水渗，减慢了风化。该地为热带干旱气候，由于云量少、日照强，白天气温可上升到 40 ~ 50℃，夜间地面辐射强，散热快，气温可降至7 ~ 12℃，日温差很大。在这种气候条件下，岩石表面的风化作用还是很强烈，形成菜盘般大小的片状表皮，叠压翘卷，形同鱼鳞，天长日久便自行剥落。另外，岩石中的含铁量较高，在微湿的空气中氧化而发红，岩石正在"生锈"。清晨和傍晚时分，阳光从很低的高度斜射到这些氧化铁的尘粒上，岩石便变红发光如同在燃烧。

溶　洞

地球上有很多千姿百态的溶洞。美国肯塔基州的猛犸洞，是世界上已发现的最长的溶洞，长达150千米。美国新墨西哥州的卡尔斯马德溶洞宽213米。有的溶洞，洞底平坦，闻名于世的广西桂林七星岩就是水平型溶洞。有的深不见底，像湖北宜昌垂直型落马洞，深达300米左右。有的溶洞地下水常年奔流不息，有的洞内漆黑一团，有的洞内光线明亮。也有温暖如春的暖洞，寒气袭人的冷洞。还有的像高楼大厦、重重石楼，它们是多层溶洞。

溶洞的形态虽然多种多样，但通常都是由巨大厅堂和狭窄通道组成。溶洞是由于水沿裂隙渗入地下，蚀空石灰岩体，渐渐扩大空间形成的。在岩层裂隙交汇的破碎处，空间扩大迅速，形成巨大的厅堂。但在没有岩层裂隙交汇的地方，地下水沿裂隙溶蚀和侵蚀。扩大空间缓慢，只能形成狭窄通道。但是由于地下水循环带的空间、发育阶段的时间和外力作用叠加的不同，也就产生了形态奇异的溶洞。在垂直渗流带，地下水沿垂直裂隙向下运动，溶蚀并侵蚀扩大空间，形成的是垂直型溶洞；在水平流动带的上部，地下水沿水平岩层和节理裂隙作水平流动，形成的是水平型溶洞。但在潜水面附近，地下河发育，形成常年奔流不息的水洞；由于地壳上升，溶洞上升，潜水面下降，经溶蚀并崩塌，又形成层溶洞。这样反复多次，就形成了像高楼大厦的多层溶洞。

溶洞的奇异更表现在洞内奇形怪状的石笋、石柱、石钟乳……它们有的像老人和儿童，有的像蘑菇、宫灯、花盆、象牙；有的像龙、蛇、虎、鱼；有的像西瓜、荔枝……这些姿态万千的石柱，都是碳酸钙化学沉积物。含有钙酸和其他酸类的水，流经石灰岩裂隙时，溶得多量的碳酸氢钙，成为过饱和溶液进入洞内，由于气温和气压条件改变，溶液中的二氧化碳散失，便在溶洞的顶、底和壁上发生碳酸钙沉积，形成各种形态。这些化学沉积物晶莹奇秀，在灯光照射下，分外鲜艳玲珑，引人入胜，犹如一座"水晶宫"。

魔幻洞穴琅玕洞

　　位于地中海所属第勒尼安海东岸的那不勒斯，是意大利最大的港口城市，也是闻名于世的世界三大良港之一。著名的维苏威火山与古城庞贝就在它的附近。离那不勒斯不远的海上，有一个卡普里岛。游人乘上气垫船或游艇，不到一个小时就能从那不勒斯抵达这里。卡普里不仅风光旖旎，景色秀丽，而且附近还有一个被称为"魔幻洞穴"的琅玕洞。

　　到过那不勒斯的人不去卡普里岛会感到遗憾，到了卡普里岛而不到琅玕洞就更遗憾了。因为琅玕洞这一自然奇观，犹如美丽而又神圣的仙境。琅玕洞是一个孤岛似的洞穴，洞口非常狭小，如果游人要到洞内观光览胜，还要坐乘更小的小艇，方可"屈身"进入洞内。洞口仅1米左右，一旦遇到有风浪的日子，海水涨潮会淹没洞口，游人只能眼睁睁地望着海水灌入洞内，而望洞兴叹了。小艇载着游人驶入锁眼似的洞口，人们都得拼命低下头，保持匍匐的姿势。倏忽间，小艇穿入洞穴内，这时周围豁然开朗，别有洞天。洞内深50米，宽31米，高15米。最令游人惊奇的是整个洞穴呈现出一片耀眼的蓝色。水面四周的洞壁，头顶上的洞顶，一切都涂上一层神秘莫测的蓝色，恰似蓝色的水晶宫。

为什么整个洞穴会"染"上一层颜色呢？很久以来人们一直没有揭开这个谜。今天，科学终于使它真相大白。其实琅玕洞并不神秘，它能够变换颜色的道理也不复杂。原来，从狭窄的洞口射入的光线，通过洞内水面的折射，再映射洞顶的绿苔上，倒映在水面，这时神奇的蓝色海水反射到整个洞穴，从而形成了一个蓝色世界。不过人们大概喜欢事物始终保持神秘色彩，因此，琅玕洞仍然被人们称为"魔幻洞穴"。

峰 林

在中国广西桂林一带，一座座孤立的山峰像含苞待放的碧莲浮在水面，像翠绿挺拔的春笋钻出地面。这些峭石嵯峨、平地崛起的山峰，就是地球上最为奇特的景观——峰林。

关于峰林，还有一个神奇的传说。从前，一位为穷人造福的神仙，用鞭子驱赶西部的大山，准备填平东方的大海。可是，当他赶到桂林一带，夜里睡觉时，被海龙王三女儿偷走了神鞭，石山再也赶不动了。于是这位神仙便把这些石山就地雕凿得千姿百态。有的像欲升的碧莲，有的像慈祥的老人，有的像捧书诵读的书童，有的像蹲伏在地上的骆驼，有的似大象的鼻子，有的似跃跃欲斗的雄鸡，有的似两只欲跳的狮子，有的似机灵的猫儿，有的像海豹，有的像大雁，有的像天鹅，有的像马鞍，有的像北斗七星……这些石峰形象逼真，神态各异，成为天下罕见的奇观。

峰林石山是大自然的杰作。石山全身都是石灰岩。石灰岩是亿万年以前在巨大的海洋里，由水中含有的过量钙质析出沉积在海底，经过漫长的时间，慢慢地固结变硬而形成的。后来由于内力地质作用，石灰岩受挤压发生弯曲，便形成石山，海水退出后露出地面。

石灰岩的化学成分主要是碳酸钙和碳酸镁，尤以碳酸钙为多。这些碳酸盐最怕水，都有被水溶解的特性。雨水在降落过程中，溶解了空气中的二氧化碳，落地后有一部分渗入地下，成为地下水。在这过程中又溶解土壤中腐烂的植物和动物遗体，经微生物作用所产生的二氧化碳。因此这种自然界的雨水和地下水是酸性的，对石灰岩具有溶解作用。经过天长日久的侵蚀，石山就变成今天的峰林了。这些雕凿奇特的峰林当然不是出自什么神仙之手，而是"水"这位艺术大师的杰作。

臭 石

　　四川省射洪县金华镇有座名叫"臭寺"的小寺，因寺内有块奇异的"臭石"而得名。

　　据说在明嘉靖年间，有位名叫杨最的射洪籍名宦，在云南做副使，某年回乡省亲，千里迢迢命人从云南曲靖县运回一宗物件，乡人揭开遮布一看，竟是一块看上去极平常的石头。呈瓦灰色，高一米左右，一人可抱。众人感到惊奇，心想："杨大人运块石头回来干什么？"杨大人向乡人解释："这是一块奇石，若用铁器或坚硬物件敲击，即会发出腐蛋般的臭气来。"乡人当场试探，果然如此。在场的乡亲皆拍手称奇。后来人们便将这块石头放在镇内的一座小庙内，供大家闻其臭，同赏其异。从此无名的小庙就得了个如此古怪、不雅的寺名。

其实这块"臭石"也并没有什么神秘之处，从地质成因上说，它只不过是块海相生物灰岩，呈层状，致密，主要成分为碳酸钙，含有相当量的沥青。也可能含有少量的燧石结核。故成瓦灰色或灰黑色。当用铁器等坚硬物体敲击时，有机质沥青就发生化学反应发出腐臭味。地质学上把这种被敲击后能发出异常臭味的石灰岩叫"臭灰岩"。它不只云南有，长江中下游许多地方均有分布，人们所以感到稀奇，是因为不了解其中的奥秘。

惊天石浪

也许您见过波涛汹涌的大江，也许您见过波浪起伏的大海，但您可见过像江涛、海浪一样，翻卷叠进，气势磅礴的"石浪"吗？在海南省西部的昌化江中游有个绵延数里、远近闻名的石浪湾，凡是到过这里的游客，无不为这惊天的石浪所叹服。

石浪湾是黎族人民击鼓唱歌欢度三月三的胜地。关于石浪湾有个美丽的传说。古时候勤劳善良的黎族人民在海南岛南部崖州一带生活。有一年遇上大旱，无水灌田。黎族先主沿昌化江考察了一番后，决定在昌化江中游请山神赶石拦江，为的是让水倒流到崖州，滋润那里的农田。山神答应了黎族先主的要求，但一定要在黎明鸡叫前把水堵住。由于堵江时误了些时间，昌化江还没截流，鸡就啼了。山神无奈，离开了人间。赶来的石头就化成了今天令游人陶醉的石浪……

昌化江的石浪，都是"生根"的花岗岩岩石。如果细心观察便会发现，这里的花岗岩有很多排列有序的肉红色长条形斑块，斑块间的岩石较细，隐约可见纹理和裂隙。昌化江中游的花岗岩，属于海南省最大的儋具花岗岩体的一部分。如今岩体裸露于地表，昌化江水在石间流窜，不断地冲刷着河床。沿着岩石的纹理方向，最容易被水掏蚀。天长日久，就形成了犹如被雕刻过的石头海浪了。

现在，石浪湾的上方正兴建海南特区最大的水电站——大广坝电站，葛洲坝工程局正在全力以赴地拦江筑坝。昔日的传说正在变成今天的现实。

巴西玻璃山

有一年，一批科学家正在巴西境内的一片茂密的森林中进行科学考察。突然，人群中有人发现远处有一座黑黝黝的山峰，反射着太阳耀眼的光芒。科学家们不约而同地把目光投向这座神秘的大山。但见山峰陡立，光滑如倒置在地面上的一颗黑色象牙，直插云霄。

科学家们对这座大山进行了实地考察后，发现它是一座"玻璃山"。

这就奇怪了，在这人迹罕至的森林中，怎么会"冒"出一座"玻璃山"呢？当时，这些科学家对"玻璃山"周围的地质现象进行了详细的勘查。结果没有发现岩浆活动和火山喷发迹象，那么是何处而来的高温生成如此巨大的天然玻璃呢？科学家们陷入了深深的思索之中。

无独有偶，1982年两名完成劳务合同归国的德国矿工说，他们曾经在巴西的森林里遇到一座"玻璃山"，他们本想爬上去玩一玩，无奈，由于四周太滑，只好打消了这一念头。

玻璃是由一种叫石英的矿物经高温熔化后，拉制而成的。既然没有来自地球内部的热源，那么，只有核爆炸产生的巨大热能，才能形成这座"玻璃山"。据此，科学家们推测，远在古埃及建立之前，地球上曾经发生了一场核子战，这座"玻璃山"就是在一次原子弹的爆炸中形成的。而传说中的超级文明古国——亚特兰提斯，就是在这次核子战中遭到毁灭。

物理学家、核子弹头专家荷西·艾拉干博士说，在过去的几十年里，不少巴西当地土著人曾对前来的传教士说，森林里有一座漆黑光滑的大山，很像一座古堡。由于这座神秘的"玻璃山"的存在，荷西·艾拉干博士认为："我们相信早在埃及立国之前，已经有一个超级民族生活在地球上。而他们一定拥有核弹和发射的工具。"

果真如此，"玻璃山"之谜就将昭然于世。但是这种假设得不到有力的证明。

雨花石

在古城南京城南中华门外，有一山冈，名叫雨花台。东吴时，因山冈上盛产色彩艳丽的玛瑙，故又称石子岗、玛瑙岗、聚宝山。传说六朝王光法师曾在此讲授经学，感动了天神，落花如雨，因称雨花台。数百年来，无数的民族英雄和革命先烈在此留下了可歌可泣的悲壮史迹。南宋抗金英雄杨邦义，不为金兵金钱地位、高官厚禄的诱惑，坚贞不屈，宁死不降，在雨花台下被剖心，表现了高尚的民族气节。太平天国革命军和清军江北大营在这里多次血战。辛亥革命起义军也在这里战斗过，至今仍保留有当年阵亡将士的人马冢两座。1927年蒋介石，发动了"四一二"反革命政变，许多革命志士被杀害于雨花台。人们为了表示对革命先烈的怀念和哀思，南京解放以后，政府在雨花台主峰上建立了高达6.8米的奠基碑，碑正面镌刻着毛泽东所书的"死难烈士万岁"六个大字。还在三处烈士殉难的地方建立了纪念标记，并在此绿化造林，修建了烈士史料纪念馆。1964年4月谒陵时，老一辈无产阶级革命家董必武曾题诗："英雄洒血雨花台，暴露奸权尽蠢才，毕竟人民得胜利，斗争规律史安排"。

雨花台上的雨花石并非原地所产，据地质资料记载，这种石子采自长江上游，因艳丽奇特故称雨花石。其实，雨花石是玛瑙的一种。玛瑙属于硅酸质矿物，它是由不同颜色和透明的玉髓、石英、蛋白石等微粒组成的，呈同心圆结层的结晶体。玛瑙生成在火山岩间隙中，由硅酸质沉淀而成。由于火山岩间隙情况不同，因此形成的玛瑙的层次、样式也不同。当母岩崩坏后，玛瑙便出现在地表，常常在海滨或河床处被人们发现。玛瑙的颜色丰富多彩，有白、黄、红、绿、蓝、紫等色，这是由混入玛瑙的铬等元素化合物造成的。带有明显的白、黑、灰色条纹的玛瑙被称作条纹玛瑙；内含绿泥结晶体的玛瑙被称作苔玛瑙；小结晶形成嵌木工艺晶模样的被称作城址玛瑙。

原生的玛瑙的外观形状是不规则的，而雨花石却多为鹅卵状，非常圆滑，这是为什么呢？原来，这些由长江上游经河水搬运来的玛瑙，在运动过程中，"长途跋涉"，逐渐磨去了棱角，变得光滑、细腻。

西湖之滨飞来峰

耸立在西湖之滨的飞来峰，海拔168米。山上古木参天，翁郁葱茏；突兀峭立的岩石，犹如蛟龙、奔象、伏虎、惊猿，堕者将倾，翘者欲飞。有龙泓、玉乳、射旭等天然岩洞，散布山间，这些岩洞曲折幽深，洞壁上布满了五代、宋、元时期大小石刻造像380余尊。山前，灵隐涧碧水玲珑，晶莹剔透。如逢梅雨季节，水势汹涌，声如轻雷。峰外，还有西水或跨水而建的春淙、冷泉、壑雷等景点。飞来峰的独特之处，还在于它有一个不寻常的"身世"。

飞来峰又叫灵鹫峰。据说，326年，印度僧人慧理登此山时，留下了"此天竺灵鹫山之小岭，不知何来"的一段话，飞来峰故得其名。慧理之言一语道破，灵鹫峰还真是"飞"来的山峰。不过，它不是自己长了翅膀飞来的，而是地壳运动的"产儿"。

我们居住的地球，在围绕太阳公转的同时，地球自身或大或小也从未停止过运动，当地壳在剧烈运动时，我们称它为构造运动期。地质历史中曾发生过好几次构造运动期。在此期间，承受地壳运动的岩层或岩石，在地壳运动所产生的强大的动力作用下，便发生变形或变位的形迹，地质学中称之为地质构造。飞来峰的成因就和断裂构造有直接关系。

断裂构造有一种类型叫断层。当岩层或岩体受力破裂后，破裂面两侧的岩块如果发生了明显的位移，这种断裂构造称为断层。断层有三要素，即断层面和上、下断盘。断层还有正断层和逆断层之分：断层的上盘相对下降，下盘相对上升的叫正断层；断层的上盘相对上升，下盘相对下降的叫逆断层。

飞来峰就是逆断层的"杰作"，它的山体的岩石类型与山脚以下的岩性对比，存在明显的差别。据此，我们可以想象，在某一构造运动期，身处"他乡"的飞来峰，在受到构造运动的力的作用下，被拦"腰"斩断，逆冲到现在的地方落脚，而成为"飞"来的山峰。

太湖石

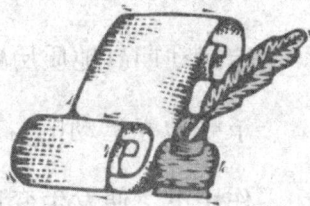

宋朝时，有个叫朱勔的苏州人，他和其父朱冲，都善于堆土叠石，建造园圃，人称"花园子"。当时，昏庸奢靡的宋徽宗赵佶，沉湎于珍巧异玩，欲建殿堂园林，大兴土木，修延寿宫，造万寿山，征天下奇花异石，以显奢华。奸臣蔡京将此事交给朱冲父子，因而博得了赵佶的欢心。徽宗特命朱勔为苏杭造作局主管。于是，朱勔用尽心计，搜罗各种花石珍木，送往京城，供徽宗赏玩。有一次，朱勔得到一块高四丈的太湖石，用巨舟承载，沿运河水运，所经州县，或拆水门，或毁桥梁，或凿城墙，"畅通无阻"。这就是皇帝赐名的"神运昭石"。运石编队的船，称之为"花石纲"，有的船只所用役夫达数千人。百姓们对此积怨颇深，恨之入骨。揭竿而起的方腊起义，就是"以诛朱勔为名"；苏州的石生也奋起响应。因此，徽宗迫不得已，罢了朱勔父子及亲属的官职，以掩人耳目。朱勔为皇帝搜刮的花石，就是太湖石。人们不禁要问，太湖石为什么如此"高贵"呢？原来，它与其他普通的石头确实有非凡之处。

太湖石因产在太湖之中而得名。在太湖中有许多石灰岩质的小山。石灰岩的主要化学成分是碳酸钙，碳酸钙能溶于水。由于这些小山长期浸泡在水中，经过洪波巨浪的侵蚀敲打，山脚部分便被"雕琢"得千疮百孔，奇姿异态。因此，玲珑剔透，趣味盎然的太湖石，就成为营造园林、点缀景致的绝好的石料，历来为人们所看重。苏州城内用太湖石造的假山，多得难以计数，往往在一个小庭院中，就可以看到零星的石块，衬以花草树木，别有情趣。

石工们在凿掘太湖石时，十分注重每块整体的艺术美感。因为太湖石不仅形态各异，而且还有阴、阳两面之分。临水的一面称其为阳面，或嶙峋峥嵘，或圆玉玲珑，形状有别，迥然不同；背水的一面，形态则以平凡的居多。所以，当用太湖石叠造假山，就要求设计施工者具有一定的审美修养，用艺术的眼光鉴别它的"品位"高下，合理地利用每一块太湖石的自然形状，尽量使它们的位置各得其宜。

液体石头

几年前，在我国新疆阿尔泰地区发现了一种极为鲜见的海蓝宝石——猫眼石。这种宝石有一种特殊的光学现象"猫眼效应"。它形成的主要原因是沿这类宝石主要结晶方向有一组相互平行的细长管状或针状的流体（或固体）包裹体。将含有这类包裹体的矿物表面琢磨成弧形面后，当入射光与包裹体伸长方向成直角时，发生光的强烈反射，使宝石的磨光面产生一道明亮的亮带。转动宝石方向，亮带也随之游动，就像闪光的"猫眼"。参与"猫眼效应"的重要角色，就是宝石中的包裹体。它的大小及密度直接影响"猫眼效应"的强弱。很早以前，我国劳动人民就会"巧"用含气泡包裹体的水晶、玛瑙和宝石，雕刻成精致的工艺品。

　　像猫眼宝石中含有的包裹体，在其他石头中也能经常见到，不过有些是肉眼看不到的，要借助于显微镜。我们随便持一块石头，把它切成像纸一样的薄片，放在显微镜下观察，就会发现石头中有许多水珠或气泡，有的气泡还在不停地运动着。这些水珠或气泡就是包裹体，它是矿物生成过程中被矿物所包裹的成矿溶液或岩浆。前者叫流体包裹体，后者叫岩浆包裹体。

　　包裹体在矿物中普遍存在，不论矿物是天然的还是合成的。不管矿物的大小和数量的多少，一般都含有包裹体。它们作为形成矿物的溶液和岩浆（硅酸盐熔融体）的样品保存下来，非常具体地反映了成矿溶液或溶浆的本质特征，即反映了它们的成分、性质和该矿物形成时的物理化学条件。

　　矿物中含有包裹体这一现象说明石头不仅仅是固体。在我国传统医学宝库里，有上百种矿物中药。明代大医学家李时珍的医著《本草纲目》里石部的矿物药中就有5处提到包裹体。其中对"空青"的描述笔墨较多。空青就是孔雀石中含铜的水溶液，这是自然界中难得的一种比较大的液体包裹体，是治疗眼疾的妙药。

　　包裹体在地质学、物理学和化学等方面具有重要的研究价值。因此，近几年来，我国对它的研究工作已作为新方法新技术在许多领域中开展起来，包裹体将在科学和经济上起到更大的作用。

耐人寻味的科学骗局

金刚石是自然界中最坚硬的石头，号称"硬骨头"。它是在地壳深部高温高压（95 000个大气压力）下，由无定形碳而形成的"同素异形体"，在科学技术没有发展到一定程度时，要想制造人造金刚石，简直是天方夜谭。可是，在上一个世纪末，竟有人宣称制成了人造金刚石，并因此而获得了诺贝尔化学奖。其实，这是一场蒙蔽了世人近10年的骗局。

1893年2月，曾在氟化学以及发明和应用高温电炉方面做出过重要贡献的法国化学家莫瓦桑，异常兴奋地向科学界和新闻界报告了一项重大科学成果：他和助手共同努力，制成了世界上第一颗人造金刚石，实现了人们梦寐以求的将平凡的石墨转化为昂贵的钻石的夙愿，终于打通了"点石成金"的道路。

当时，这一"成果"轰动了整个科学界，人们为之振奋，莫瓦桑本人更是兴高采烈，陶醉在"成功"之中。那些正在探索人造金刚石的科学家们，也因此而中断了研究工作。

这一"成果"将莫瓦桑推上了科学领域的最高领奖台。1906年，在诺贝尔的故乡瑞典举行的一年一度的诺贝尔奖评选中，莫瓦桑以一票优势战胜了化学元素周期律的创建人俄国科学家门捷列夫，获得了该年度的诺贝尔化学奖。

第二年，莫瓦桑因病去世，人们期望他的发现能尽快转化为实用的生产技术。因此，一些人便按照莫瓦桑的设计去重复，却从未获得成功。于是，人们开始对莫瓦桑的"成果"产生怀疑。后来，莫瓦桑的遗孀终于良心发现，如实揭穿了其中的秘密。原来，莫瓦桑的人造金刚石是假的。导演这场骗局的是莫瓦桑的助手，这个对科学研究缺乏毅力和信心的人，在无休止的、繁重的重复实验中，感到厌倦和烦恼，就偷偷地把过去实验剩下来的一颗天然金刚石颗粒混入实验材料中。

多么可怜的莫瓦桑，他哪儿知道自己受了骗，而且还以他响亮的名字蒙骗了世人！

不热的热带沙漠

南美大陆的秘鲁，地处赤道至南纬18°之间的热带地区。秘鲁沿海有一条宽30~130千米的狭长的滨海沙漠。站在秘鲁海岸西望，是碧波万顷的太平洋；东眺却是茫茫的黄色沙漠。新月形的沙浪，一直向安第斯山脚延伸而去。这片沙漠虽属热带沙漠，气候十分干燥，但若穿一身单衣去旅行，就会发现那里既不冷也不热，完全没有热带沙漠那种令人窒息的热浪。而与秘鲁一山之隔的巴西亚马逊地区，却是终年炎热多雨，热带森林郁郁葱葱。

为什么同处热带，这两个地区的自然景观竟有如此大的差距呢？